高等学校土建类专业应用型本科“十四五”规划教材

材料力学实验教程

主　编　岳川云　刘　霞
副主编　杨　洁　李　鑫　王身伟

武汉理工大学出版社
·武　汉·

内 容 简 介

本书依据材料力学和工程力学相关教材的理论部分内容进行组织编写，主要内容包括：第 1 章为绪论；第 2 章为材料力学实验的主要设备；第 3 章为电测法的基本原理；第 4 章为材料力学基本实验，共安排了 8 个必修实验；第 5 章为材料力学开放实验，为基本实验以外的选做实验项目；第 6 章为实验数据的统计分析；最后附录部分为基本实验的实验报告，在实际的教学和使用中可以作为参考。本实验教材内容突出“新”字，在教材中渗透创新思想、创新思维，强调启发性，培养学生的创新和开拓精神。

本书可供本科院校土木工程类专业、道路桥梁与渡河工程专业、安全工程专业等开设材料力学课程和工程力学课程的相关专业使用，也可供从事材料性质研究及工程测试的技术人员参考和使用。

图书在版编目(CIP)数据

材料力学实验教程 / 岳川云，刘霞主编. -- 武汉 ：武汉理工大学出版社，2024.7.

ISBN 978-7-5629-7062-0

Ⅰ. TB301-33

中国国家版本馆 CIP 数据核字第 2024589GK4 号

项目负责人：王利永(027-87290908)

责 任 编 辑：余士龙

责 任 校 对：李正五

版 式 设 计：正风图文

出 版 发 行：武汉理工大学出版社

地　　　址：武汉市洪山区珞狮路 122 号

邮　　　编：430070

网　　　址：http：//www.wutp.com.cn

经　　　销：各地新华书店

印　　　刷：武汉乐生印刷有限公司

开　　　本：787×1092　1/16

印　　　张：8.5

字　　　数：218 千字

版　　　次：2024 年 7 月第 1 版

印　　　次：2024 年 7 月第 1 次印刷

定　　　价：25.00 元

凡购本书，如有缺页、倒页、脱页等印装质量问题，请向出版社发行部调换。

本社购书热线电话：027-87391631　027-87523148　027-87165708(传真)

前　　言

为了适应应用型本科的人才培养方案，结合应用性本科专业教学资源库的建设，我们编写了这本《材料力学实验教程》教材。

材料力学实验是材料力学课程的重要组成部分，其教学目的是通过实验加强学生对材料力学理论的理解。材料力学实验是土木工程类专业学生必备的基本能力训练，也是工程技术人员必须掌握的一项基本技能。通过实验，可以使学生掌握材料力学实验的基本知识和基本技能，培养学生的动手能力及综合运用基础理论和实验手段解决工程实际问题的能力。本书分为6章：第1章为绪论；第2章为材料力学实验的主要设备，包括微机屏显液压万能试验机、材料力学多功能实验台、CML-1H应变&力综合测试仪；第3章为电测法的基本原理，分别介绍了敏感元件-电阻应变片的工作原理和测量电路-电桥的工作原理；第4章为材料力学基本实验，共安排了8个必修实验，分别为低碳钢的拉伸实验、铸铁的拉伸实验、纯弯曲梁横截面上正应力的分布规律实验、薄壁圆管在弯扭组合作用下主应力实验、材料弹性模量测定、压杆稳定实验、偏心拉伸实验和等强度梁实验；第5章为材料力学开放实验，是在基本实验以外的选做实验项目，分别为低碳钢的压缩实验、铸铁的压缩实验、低碳钢扭转实验、电阻应变片灵敏度系数标定实验、型梁纯弯曲正应力的分布规律实验、复合梁应力测定实验(钢钢、铝铝、钢铝三种任选)、斜弯曲梁受力分析实验、组合叠梁应力测定实验(钢钢、铝铝任选)和桁架结构内力实验；第6章是实验数据的统计分析；最后附录部分为基本实验的实验报告，在实际的教学和使用中可以作为参考。

本书适用于本科院校土木工程类专业，也适用于道路桥梁与渡河工程专业、安全工程专业等开设材料力学课程和工程力学课程的相关专业，还可供从事材料性质研究及工程测试的技术人员参考和使用。

本书由沈阳城市建设学院、辽宁省建设科学研究院有限责任公司、中冶沈勘工程技术有限公司联合编写，沈阳城市建设学院岳川云、刘霞担任主编，沈阳城市建设学院杨洁、李鑫、王身伟担任副主编，具体编写分工如下：第1章由岳川云编写，第2、3章由刘霞和辽宁省建设科学研究院有限责任公司刘洋共同编写，第4章由杨洁和中冶沈勘工程技术有限公司王玉奇共同编写，第5章由李鑫编写，第6章由王身伟编写，附录由岳川云编写。岳川云和刘霞负责全书整体结构的设计和最终的统稿工作。

由于作者水平有限，书中难免存在不足之处，恳请读者批评指正。

编　者

2024年5月

目　录

1 绪　论

1.1 材料力学实验的重要性

实验教学作为实践性教学的重要环节，对培养理工科学生的创新能力和综合素质起着重要的作用。发挥着其他教学环节不可替代的作用。材料力学课程是许多工科专业的专业基础课，对培养学生的工程素养，帮助学生建立工程概念起着重要的作用。众所周知，材料力学中的胡克定律是材料力学中描述线性应力应变关系的重要定理之一，也是材料力学的基本定理。工程中使用的固体材料是多种多样的，而且其微观结构和力学性能也各不相同。为了使问题得到解决且不影响实际效果，不仅要对研究对象进行简化，而且要求抓住问题的主要方面对其进行抽象。在传统的材料力学理论中，通常假定材料满足连续、均匀、各向同性假设，但实际材料往往具有多样性，使理论方法受到一定的局限，而此时实验研究成为更有效的方法。在实际中，尤其在解决材料力学的强度、刚度、稳定性等问题时，经常需要事先测定一些表达力学性能的力学常数，这些材料常数只有靠材料实验才能测定。

材料力学实验是材料力学课程的重要组成部分，其教学目的是通过实验加强学生对材料力学理论内容的理解，培养学生的实验研究能力和仪器操作技能。完成材料力学实验，不仅能够丰富学生的书本知识，而且能够增强学生的实践能力；更重要的是提高学生应用实验手段与方法的能力以及分析、研究和解决工程问题的能力；通过实验提高学生建立力学模型或者修正完善力学模型的能力；通过实验培养学生对一些新材料和新结构的研究能力。

材料力学实验虽然是材料力学课程的组成部分，但其独立于材料力学理论教学，既有对材料力学理论加深理解的作用，也有培养实验研究能力的作用。经过多年教学实践和实验教学经验的积累，我们编写了本书。书中设计的实验结合实际教学，采用我校教学所使用的实验仪器设备编写。

从实验中得到材料的力学性质的参数也是进行工程设计的根本依据之一。为了更好地为生产生活服务，我们必须对试件尺寸和实验方法做统一的规定，实行实验标准化，这样实验结果才具有通用性。材料实验标准化是一项十分重要的工作，它不仅包括材料标准化，还包括其他方面的标准化。此外对所用的仪器和试验机，都规定了它们的最大许可范围，超过误差范围的实验是无效的。标准化水平是衡量一个国家生产技术水平和管理水平的尺度，是现代化发展水平的一个重要标志。

通过材料力学实验使学生掌握测定材料力学性能的基本知识、基本技能和基本方法，对于培养学生的动手能力、分析问题的能力以及严肃认真、实事求是的科学态度都是极为重要的。

1.2 材料的力学性能

材料的力学性能一般是指材料在外力作用下在强度、变形方面所表现出的性质，也称为材料的机械性能。力学性能是工程结构材料研究和应用中最关键的问题。首先，力学性能是工程结构设计中最重要的数据和理论依据，是选材、用材的基础；其次，力学性能是新材料能否投入工程应用的决定性因素；此外，力学性能也是进行机械结构失效分析的主要方面。

材料的力学性能与工作环境和荷载有密切的关系，因此材料的力学性能按工作环境温度分为低温、常温和高温力学性能，按加载方式分为静载和动载力学性能。

材料的力学性能与加载方式密切相关。根据荷载的作用方式，可分为静荷载和动荷载。所谓静荷载是指构件在使用时，荷载是缓慢平稳地施加到它上面，并且使用过程中不再改变。在试样上均匀缓慢地加载的实验称为静载实验，测出的力学性能就是静载力学性能。所谓动荷载是指所作用的荷载的大小或方向明显地随时间发生改变，包括冲击荷载和交变荷载等。在试样上作用的荷载是动荷载的实验称为动载实验，测出的力学性能称为动载力学性能。

材料（主要指金属材料）包含以下几种力学性能指标。

（1）材料在静载拉伸和压缩时表现出的力学性能指标，包括反映材料线弹性范围的比例极限 σ_p，反映材料弹性范围的弹性极限 σ_e，反映材料发生塑性屈服的屈服极限 σ_s，反映材料所能承受的最大拉应力的抗拉强度极限和所能承受的最大压应力的抗压强度极限（统称强度极限）σ_b，反映材料抵抗弹性变形能力的弹性模量 E 和泊松比 μ，以及反映材料塑性变形能力的延伸率 δ 和截面收缩率 ψ。

（2）材料在静载扭转时表现出的力学性能指标，包括反映材料剪切线弹性范围的剪切比例极限 τ_p，反映材料发生剪切塑性屈服的剪切屈服极限 τ_s，反映材料所能承受最大切应力的抗扭强度极限 τ_b，反映材料抵抗剪切弹性变形能力的剪切弹性模量 G 等。

（3）其他力学性能指标包括表征材料抗冲击能力的力学性能指标冲击韧性（a_k），表征材料抗断裂能力的力学性能指标断裂韧性 K_{1c}，表征材料在交变应力作用下疲劳强度的力学性能指标持久极限 σ_r 等。

1.3 材料力学实验内容简介

材料力学实验包括以下三方面内容。

1. 验证理论性的实验

材料力学中的一些公式都是在简化和假设（平面假设，材料均匀性、弹性和各向同性假设）的基础上推导出来的。事实上，材料的性质既不是完全均匀，又不是完全弹性的，为保证公式的实用价值，就必须通过实验对根据假设推导的公式加以验证，以确定其使用范围。此外对于一些近似解答能否在工程设计中得以应用，其精确度也必须通过实验校核。本书中介绍的梁弯曲实验、压杆稳定实验等均属于这类实验。

2. 材料的机械(力学)性质实验

先通过拉伸、压缩、扭转、冲击、疲劳等实验，测定材料的强度极限、弹性模量、疲劳极限等力学参数。这些参数是设计构件的基本依据。在其基础之上，了解材料的强度、刚度、硬度等特性，以此建立强度条件。材料的机械(力学)性质实验，要依据国家规范，按照标准的程序来完成。通过这类实验，既能掌握其测试方法，又可以巩固所学的材料机械性质的知识。

3. 应力分析实验

近年来发展起来的有限元法，经过适当的简化，可以对工程中很多实际构件的受力情况进行分析。但其计算结果的精确性，还需通过实验应力分析进行验证。实验应力分析的方法，应用面很宽，例如，零件设计中的应力集中系数的确定、建筑结构的应力实测等，均用到该方法。本书将对其中最基本的电测法和光弹性法做较详细的讲述。

1.4　实验时的注意事项

在材料力学实验中，荷载可以由几十千牛增加到几百千牛，一般荷载要求较大，加载设备也需较大的规格。在进行实验时，为保证实验的有效性，学生一般以组为单位，由授课教师统一指挥，各组员分工明确，相互配合，对力与变形要同时进行测量。为提高实验的成功率，在实验前、实验中和实验后都应精心准备，且应注意以下几个方面。

1.4.1　实验前的准备工作

首先，理解实验的内容，明确实验的目的，了解实验仪器，掌握实验原理和实验步骤，然后准备好所用的试件(或模型)。要了解试件的材料，缺陷程度是否满足要求，试件的尺寸公差、表面粗糙度是否符合要求，这些都要严格进行检查，然后对试件的尺寸进行仔细的测量，估算应加荷载，草拟加载方案。此外，根据实验数据记录的需要，设计记录表格。实验时既要保证小组成员个人数据正确又要注意整体的配合和实验的效率。小组成员既应分工明确，又要互相配合，这样实验才能收效明显。要统一指挥，以免配合不当，导致整个实验失败。如力和变形的测量，要同时进行，如操作不一致，不仅测出的力不能代表相应变形下的力，而且测出来的变形也不能代表相应荷载作用下的变形。总之，实验时应做到互相呼应，彼此协调。参加实验的小组成员可做以下分工。

1. 记录者和测变形 1 人

实验中，记录者对实验整个过程要进行全面客观的记录，尤其是关键点的把握，实验现象的描述等。记录的数据，是对这次实验过程的真实反映，不仅要求客观而且要求准确，记录的好坏不仅影响实验的成功率还会影响实验的完整性等，因此在实验中起着关键作用。

2. 操作仪器1人

指导老师应先面向学生进行操作演示，明确注意事项。在实验前要熟悉机器操作规程，实验中要严格遵照规程进行操作，避免人为地减免实验步骤，同时注意实验过程中关键点的控制，如发现试验机异常应立即停车。要掌握实验内容，理解此次实验仪器和设备的配套选择(在教学实验中一般会指定实验用的机器和仪器，但学生应当对怎样进行选择有所了解)，如在试件拉伸、剪切、弯曲或扭转中，需要怎样的荷载、荷载的大小等。实验的目的决定了荷载的性质，而试件(或模型)尺寸和材料决定了实验中荷载的大小。准备工作是前提，准备越充分，实验进行越顺利，成功的可能性越大。

1.4.2 进行实验

在正式开始实验之前，要检查试验机测力盘指针是否对准零点，试件装置是否正确，所用的材料是否准备齐全等。待指导老师检查无误后方可开动机器。第一次加载，可不做记录(不允许重复加载的实验除外)，观察各部分变化是否正常；如果正常，再正式加载并开始记录。此时、记录者及操作者均需养成科学客观记录数据的习惯，按照实验步骤，全身心地进行工作。实验完毕要检查数据是否准确、齐全，数据结果是否正确(注意精度要求)。对设备及时清理，对常规问题及时处理，对一般故障及时排除。把使用完毕的仪器放回原处，对产生的实验垃圾及时处理(放到规定地方)。

1.4.3 学生实验须知

1. 实验前必须预习实验教材中的相关内容，了解本次实验的目的、原理，实验设备和仪器的使用方法、操作规程，数据处理方法等，并按照要求写预习报告。

2. 按预约实验时间准时进入实验室，不得无故迟到、早退、缺席。

3. 进入实验室后，不得高声喧哗、打闹和擅自操作仪器设备，损坏仪器要赔偿。

4. 保持实验室整洁，不准在机器、仪器及桌面上涂写，不准乱扔垃圾，不准随地吐痰，实验室内严禁吸烟。

5. 实验时应严格遵守操作步骤和注意事项。实验中，若遇仪器设备发生故障，应立即向指导教师报告，及时检查，排除故障后方能继续实验。

6. 实验过程中，未按操作规程操作仪器，导致仪器损坏者，将按学校有关规定进行处理。

7. 实验过程中，同组同学要分工明确，密切配合，协调一致，认真操作，仔细观察实验现象，如实测取和记录实验数据，主动锻炼独立动手能力。

8. 实验结束后，将实验设备复原，仪器、工具清理摆正，不得将实验室的工具、仪器、材料等物品携带出实验室，将实验现场整理打扫干净，培养良好的实验习惯和文明的工作作风。

9. 实验完毕，及时将实验数据交实验指导教师审阅，经实验指导教师审定后，方可离开实验室。

10. 课外应及时独立地完成实验报告，并按照实验指导教师要求的时间送交实验报告。实验数据记录及其处理力求真实、准确和规范。对示意图形、关系曲线、记录表格和计算公式，力求正确、整洁和清晰。文字说明通顺，书写工整。不得臆造数据，不得抄袭他人的实验报告。对于不符合要求的实验报告，实验指导教师有权退回令其重做。

2 材料力学实验的主要设备

2.1 微机屏显液压万能试验机

2.1.1 一般介绍

1. 该试验机采用手动控制、液压加载、传感测力、微机显示及数据自动处理，主要完成对金属和非金属试样的拉伸、压缩、弯曲试验，符合国家标准要求。

2. 试验机主机采用双丝杠中横梁传动机构，可实现试验空间的调整，液压缸下置，安装试样方便，稳定性好，造型美观。

3. 采用品牌微机，完成试验过程中试验参数的设定，试验过程的数据采集、处理、分析、存储及显示(试验数据包括上下屈服点、抗拉强度、断裂强度、延伸率、弹性模量等)，准确、可靠。同时配有 Windows 液压试验机专用软件，根据国家标准或用户提供的标准测量各材料的性能参数，并对试验数据进行统计和处理，然后输出打印各种要求的试验曲线及试验报告。设有试验曲线放大、比较、遍历功能，智能、方便。

4. 自建强大的试验数据库，试验数据可随时保存、查询、调用。

5. 强大的自检功能和完善的保护功能。

本试验机的制造、检验依据：《电液伺服万能试验机》(GB/T 16826—2008)、《拉力、压力和万能试验机检定规程》(JJG 139—2014)及《金属材料 拉伸试验 第1部分：室温试验方法》(GB/T 228.1—2021)等标准中相关条款。

在油源系统内装有柱塞式高压油泵、进口油压传感器；由电动机带动，运转时动作平稳及音响正常。本机液压系统主要由送、回油阀手柄进行控制，操作方便、安全。试验机的示值相对误差在±1%以内。试验机外形美观，操纵部分及指示部分高度适当，便于试验者进行操作与观察。

2.1.2 主要技术规格(表 2.1)

表 2.1 主要技术规格

项目	参数
最大负荷	600 kN
量程	1～4 挡
示值相对误差不超过	±1%
分辨率	0.1 kN
拉伸钳口间最大距离(包括活塞行程)	550 mm
扁试样最大夹持宽度	75 mm
扁试样夹持厚度	0～15 mm
圆试样夹持直径	13～40 mm
油泵电动机功率	1.1 kW
横梁上下移动电动机功率	0.37 kW

2.1.3 主要结构及工作原理

2.1.3.1 主机部分

主机由底座(内装工作油缸)、工作台、上下横梁、夹持部分、丝杠、立柱等组成(图 2.1)。上横梁和下横梁形成拉伸空间,下横梁和工作台形成压缩、弯曲空间。拉伸空间和压缩空间的调整是通过下横梁的上下移动实现的,下横梁的上下移动是由电机带动,经过链条传动机构、丝杠副完成的。

油缸及活塞是主体的主要部分,它们的接触表面经过精密加工,并保持一定的配合间隙和适当的油膜,使活塞能自由移动而将摩擦减小到最低限度。当油泵打来的高压油进入油缸后,托着活塞连同横梁及试台等上升时,负荷逐渐作用在试件上。因此在使用时,应特别注意油的清洁,避免油内的杂质、铁屑等随油通过油泵、油阀、油管等进入油缸内,影响油缸及活塞接触表面的粗糙度,进而影响试验结果的准确性。

安装时应注意,如杂质及砂土落在油缸及活塞的上口接触处,必须擦拭干净。

试验机附件:随机带有拉伸、压缩、弯曲等附件。

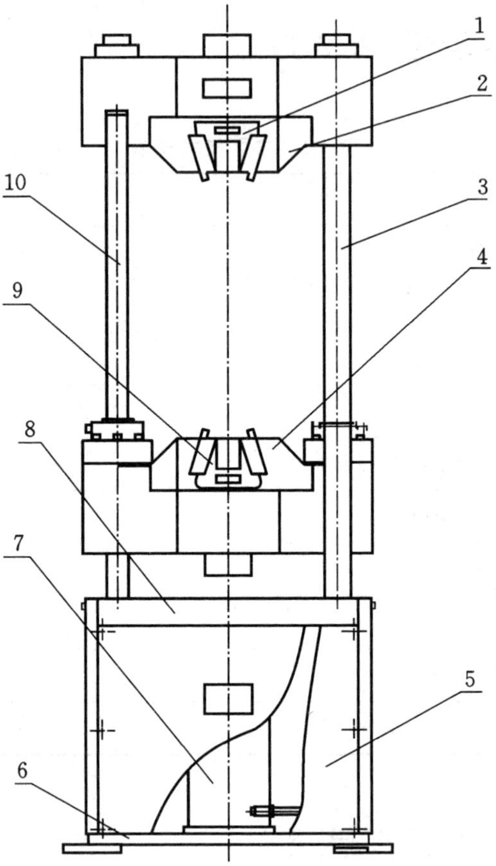

图 2.1 主机结构示意图

1—上钳口座；2—上横梁；3—立柱；4—下横梁；5—罩板；6—底座；
7—油缸；8—工作台；9—下钳口座；10—丝杠

2.1.3.2 油源控制部分

1. 概念

本试验机由微机采集系统、传感器、高压油泵及油源操作部分等组成。所以它是一个综合的机构，这些机构全部被封闭在简单、平滑、美观的钢铁外壳内，外壳各面必要处设有活门，打开时能清楚地看到内部机构，以便进行个别调整及修理，并可使轴承及各精确部分经常保持良好的工作条件。

2. 高压油泵与电动机

高压油泵与它所用的电动机用法兰连接在油箱盖板上，高压油泵是采用柱塞式油泵，由七套活塞组成的轴向柱塞泵，油泵内的活塞和套筒具有较高的表面粗糙度和良好的配合，保证了产生高压的可能性和最小的油量泄漏。

3. 操作部分

高压油泵电动机的开停按钮以及电源按钮和指示灯装在测力计台面板上，送油阀亦称压力调节阀，利用此阀可使油泵输出的油送到试验机油缸内，同时可控制负荷增减的速度；回油阀可卸除负荷，使工作油缸内的油回到油箱内。

电动机按钮见图 2.2。

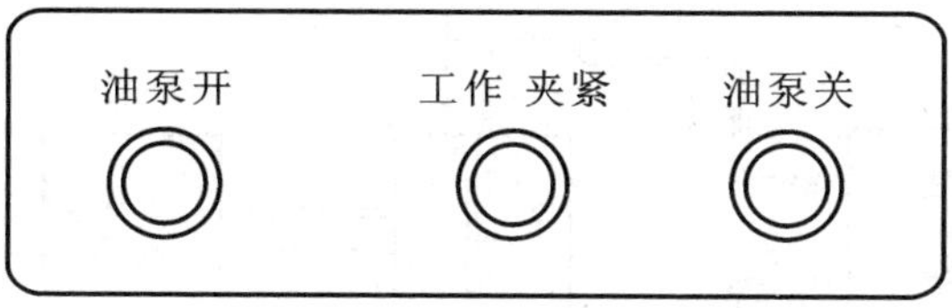

图 2.2　电动机按钮操作示意图

电源总开关：请用户自行接取 380 V 带有“零”线的空气开关接通、切断外部电源。

“油泵开”：按下该按钮，试验机油泵电机组工作，试验机液压系统开始工作，液压油进入试验机主油缸，可以进行下一步试验操作。

“油泵关”：按下该按钮，试验机油泵电机组停止工作，液压油从试验机主油缸回流油箱，试验机液压系统停止工作。

“夹紧”：旋转到此位置，电磁阀进入工作状态，独立式控制盒（图 2.3）可进行操作。

“工作”：旋转到此位置，电磁阀断电，独立式控制盒不工作。

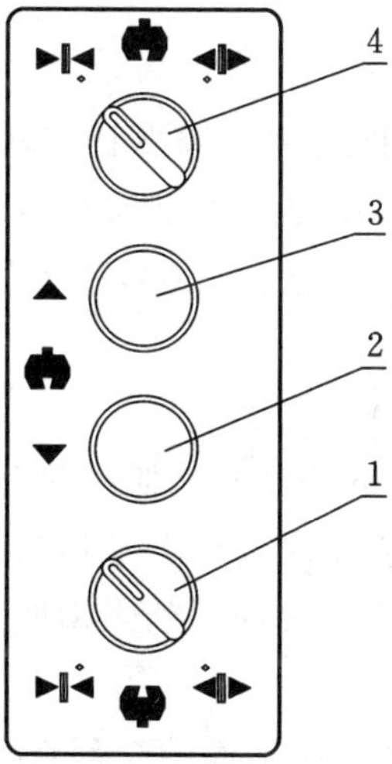

图 2.3　独立式控制盒

1—下钳口松开与夹紧旋钮；2—下横梁下降旋钮；3—下横梁上升旋钮；4—上钳口松开与夹紧旋钮

4. 液压传动系统（图 2.4）

油箱内的油经过过滤油网被吸入油泵后，经油泵的输油管送到送油阀内，当送油手轮关闭时，由于油压作用而将活塞推开，油从回油管流回油箱；当送油手轮打开时，则油液经由油管进入工作油缸内，再通过压力油管经过回油阀体流回油箱。

5. 计算机系统

由计算机、打印机、数据采集卡、数据处理系统组成。数据采集卡装在计算机内，集数据采集与处理于一体。计算机与打印机相连，绘制各种试验曲线并进行数据处理、存储、打印。

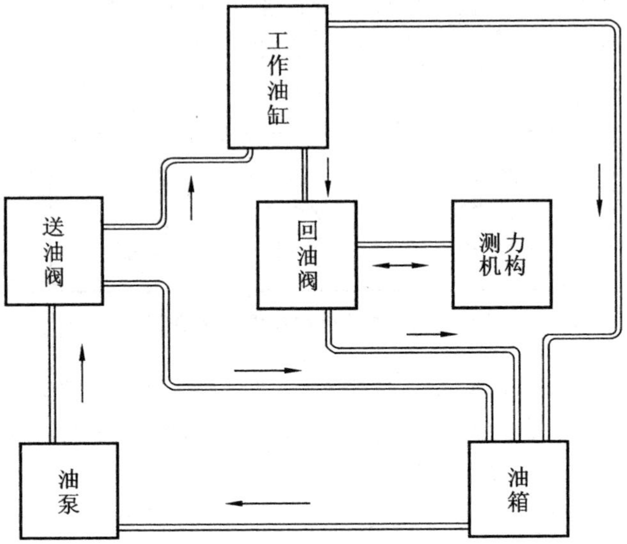

图 2.4　液压传动系统图

2.1.4　安装、初次运转

试验机应安装在清洁、干燥、无振动而且温度稳定的房间内，考虑到做长梁弯曲实验以及对设备的维修等，在试验机的周围还应留出足够的空余面积。试验机的主体及控制台应安装在混凝土的基础上，其他电线安装管道等装置基础的上平面应平正，用水平尺找正。待基础干燥后，再装上试验机。

1. 试验机的安装及初步精度找平

将主体及液压操作台分别搬运到混凝土的基础面上，根据外形及地基图调整好主体与液压操作台之间的距离并调整好方向，然后用垫块插入主体下部（与基础之间），用0.05/10000精度的方形水平仪在工作台表面上的纵横两个不同方向上分别进行找正。

2. 试验机的浇固

试验机精度找好后，用水泥浆将机座下面的全部空隙填死，保持机座与水泥基础良好结合，防止在使用过程中因受震动而造成试验机未处于水平状态。地脚螺母浇固后，在水泥未干燥前，不准紧固地脚螺母和开动试验机。待水泥完全干燥（水泥干燥时间一般不少于 10～15 d）后，紧固好地脚螺母，对试验机的安装精度进行复查，确认是否与找正精确相符合。如不符合应重新找正。

试验机在使用过程中，由于试验时的震动而容易产生松动现象，所以试验机使用一段时间后，应将有关零件加以紧固。

3. 接管

在安装主体与控制台相通的油管时，应首先将油管内部用煤油洗净，保证油路中的清洁。

应注意接头处垫圈或密封件是否完整。如不完整，应取用本机器附带的密封件装好，以防高压时渗油。

4. 油的规格选用：在液压传动中，可采用 68＃压缩机油或 150＃抗磨液压油，油量约 30 L。其余要求可参照技术条件 SY1216—60 标准的要求。

5. 灌油与排油

打开油源操作台侧门，可以看到油箱上部的加油圆盖，灌油时就通过此处注入油箱内，一次注入的油量以油箱外装设的油位指示器为准，所用油类规格可参看油的规格介绍。建议所灌之油经过过滤。

放油时打开油箱底部的放油油嘴即可。油的使用期限应根据各地气候来决定。发现油开始变质或污秽不能用时应换新油。

6. 接电

试验机的强电装置在油源控制柜右下侧，供电电压为 380 V，主体和控制柜之间的电路采用插头连接，在引入电源线后，按动操作台面板上的“电源”按钮，指示灯亮，证明已开始供电。操作横梁升降按钮，判断并调整其动作；拧开送油阀，观察试台是否上升，判断并调整；同时检查限位开关是否起作用。

7. 润滑

可在上钳口丝杠上浇注润滑油，使丝杠与丝杠螺母得到润滑。

8. 安全装置

试验机主体上钳口座的升降设有限位开关，以保证安全。液压操作台内有过载保护继电器，当每级负荷超过满量程的 3%～5%时，过载保护继电器动作使油泵停止工作，从而避免试验机超过最大负荷而发生事故。

2.1.5 试验机使用操作方法

要确保试验结果正确，除要求试验机本身必须达到规定的精确度外，还要求试验人员必须熟悉试验机的操作方法和各种材料试验方法，以及有关材料性质方面的知识。本试验机的使用操作方法叙述如下：

打开计算机，进入试验操作软件界面，双击“Smart Test”图标，一切正常后，再将电控柜面板上“电源开”按钮按下，按“油泵开”，启动油泵电机。由于管路内存在少量空气，油液在管路内流动时会产生噪声，消除的方法是打开送油阀、关闭回油阀使试台上升，然后关闭送油阀、打开回油阀使试台下降，如此循环一段时间，即可将空气排净。空气排净后，才能进行正式试验。

按“油泵开”按钮，启动油泵电机组。

参照软件使用说明调整零点，再点击“停止”，方可进行试验。

1. 送油阀及回油阀的操作：送油阀在升起试台时可以开得大些，使试台以最快的速度上升，减少试验的辅助时间。当试样加荷时应注意操作，必须根据规定的加荷速度进行调节，不应升得过快，使试样受到冲击，亦不应无故关闭，使试样所受负荷突然下降，影响试验数据的准确性。即使是特殊的屈服点或其他特殊试验的情况下，负荷需要反复增减时，亦需平稳地操作。

回油阀在试样加荷时，必须将其关紧，不许有漏油。在试样断裂后，应先关闭送油阀，然后慢慢打开回油阀，卸除负荷并使试验机活塞回落到原来位置，使油回到油箱，应注意：送油阀手轮不要拧得过紧，以免损坏油针的尖端，回油阀手轮必须拧紧，因油针尖端有较大的钝角，所以不易损伤。

2. 试样的装夹：做拉伸试验时，先开动油泵拧开送油阀，使工作活塞升起约 5 mm，然后关闭送油阀，将试样一端夹于上钳口，测力仪清零，再调整下钳口，夹持试样下端，即可开始试验，夹持试样时，应按钳口所刻的尺寸范围夹持试样。试样应该夹在钳口的全长上，两块钳口位置必须一致，并对准中央加以充分固定(图 2.5)。

为避免钳口及钳口座活动时，在滑动面上啃住或咬死，可用一种石墨与黄油的混合物作润滑剂。试验机附有特殊夹持装备时按另外的规定进行操作。

图 2.5　试样装夹

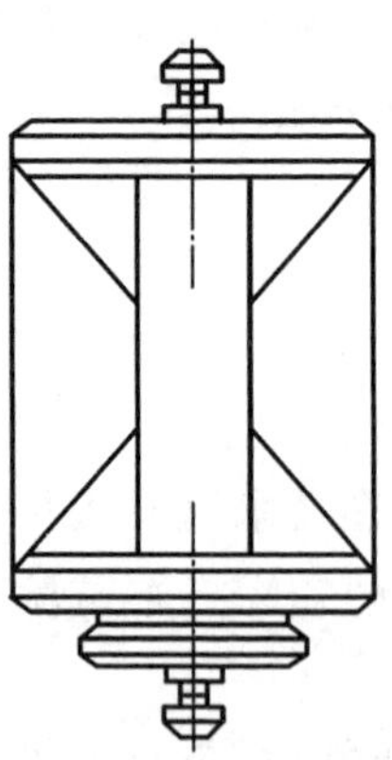

图 2.6　压缩试验

压缩试验(图 2.6)：将上压板装在下横梁底部，用螺钉加以固定，下压板放在试台中央的球面座上，能略做倾侧，适合受压试样的平面。试样的中心线必须与压板中心线重合，避免偏心受力。

弯曲试验(图 2.7)：将压滚支座根据试验需要的距离，用螺钉固定在试台上，两支座间的中心距离，可观察试台侧面的刻度标尺，将上压头装在下横梁底部，用螺钉固定牢固(注意对准锤窝)。

3. 典型试验：以拉伸试验作为典型试验说明操作步骤，压缩、弯曲试验可以参照拉伸试验的操作步骤(根据各种材料试验的要求，下述操作步骤，有些可以省略或合并)。

(1) 按下电源开关按钮，系统通电，试验机可以运行。

(2) 打开微机，双击计算机桌面上的操作软件图标进入本软件系统。

(3) 根据试样尺寸把相应的钳口装入上下钳口座内。

(4) 按下“油泵”按钮，拧开送油阀，使工作台上升 10 mm，然后关闭送油阀。如果工作台已升起，则不必开泵送油。

(5) 按照菜单中的提示进行正确的参数设置，选择拉伸试验模式。

(6) 将试样的一端夹持于上钳口中。

(7) 将工作台升降到适当高度，将试样另一端夹持于下钳口中。

(8) 负荷清零，按试验要求的加荷速率，缓慢地拧开送油阀进行加荷试验。

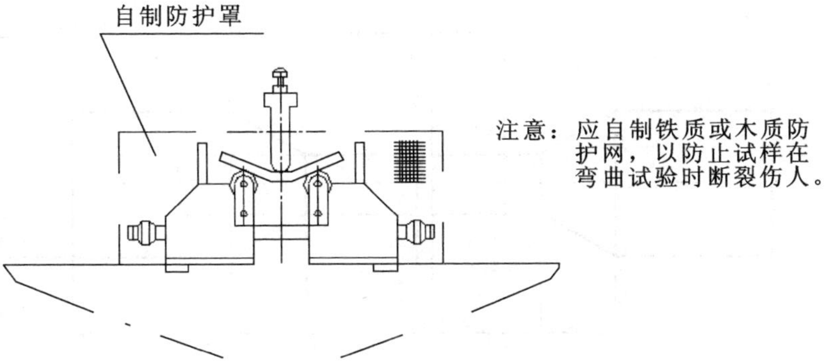

图 2.7　弯曲试验

(9) 试样断裂后，关闭送油阀，打开回油阀，停止油泵。

(10) 取下断裂的试样。依次关闭计算机、油泵开关、电源开关。

2.1.6　试样装置图（图 2.8 至图 2.13）

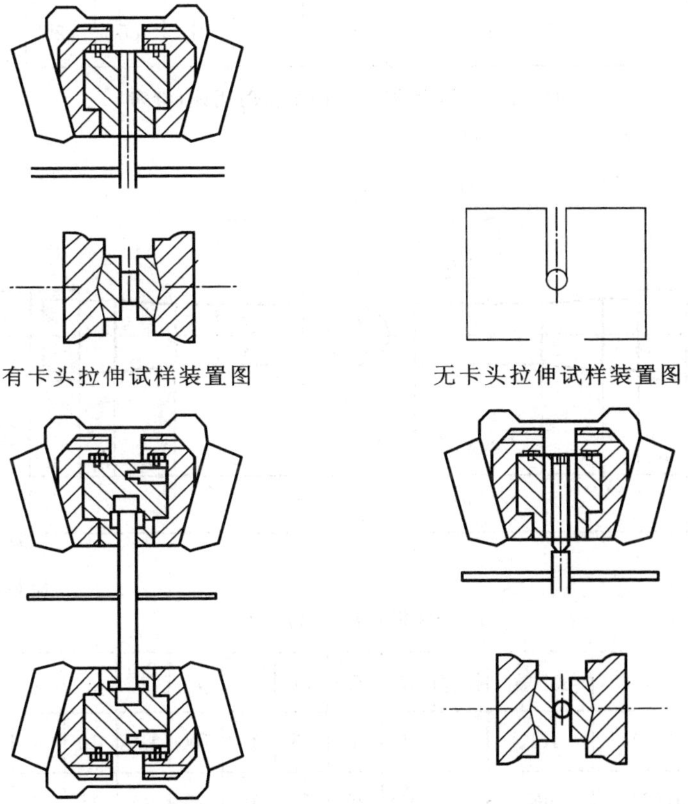

注：装夹具有螺纹端的拉伸试样时，必须将拉伸试验夹持装置图中的夹头换为螺纹夹头。

图 2.8　WEW 系列电液式万能试验机夹持装置图

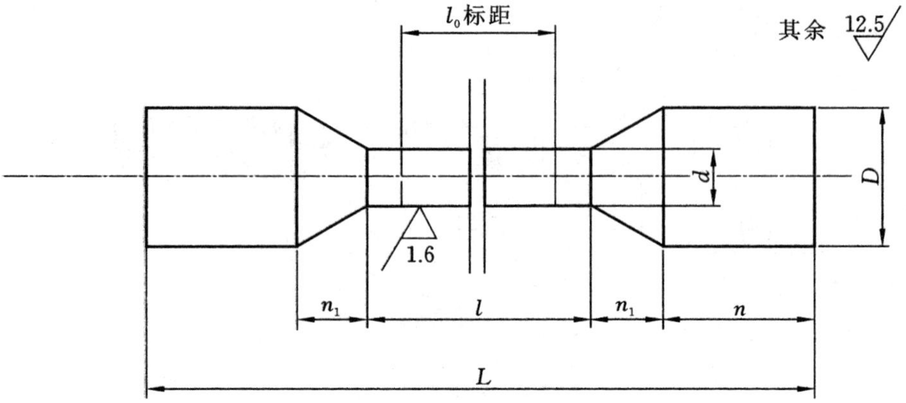

材料：45

短形试样K=5.65

规格	试样号	数量	d	D	n	l_0	l	n_1	L
600 kN	24K	1	15	22	45	75	90	15	210
	22K	1	25	37	65	125	150	25	330

图 2.9　截面为圆形试样试验时用图(参考)

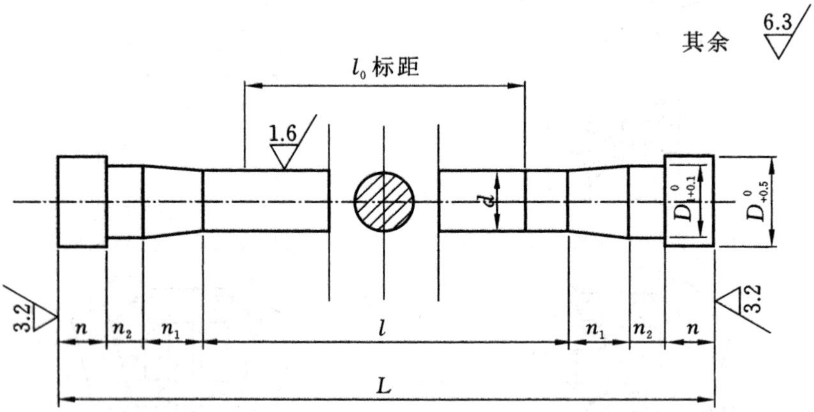

材料：45

短形试样：K=5.65

规格	试样号	数量	d	D	D_1	n	l_0	l	n_1	n_2	L
600 kN	10K	1	10	18	13	10	100	110	10	5	160
600 kN	9K	1	15	25	18	15	75	90	15	75	165
600 kN	8K	1	20	32	24	20	100	125	20	10	225

图 2.10　带肩圆形试样试验时用图(参考)

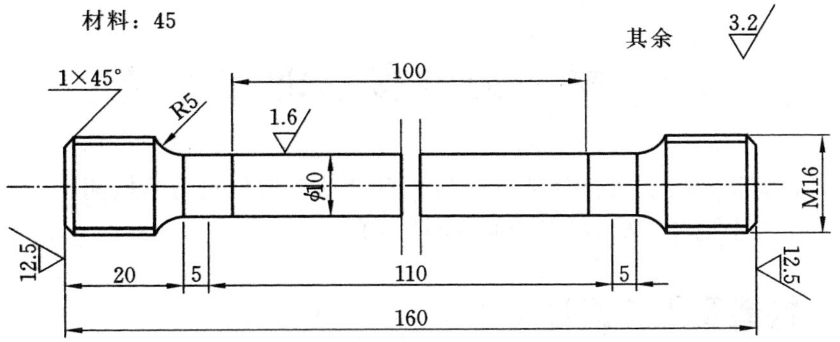

图 2.11 头上带螺纹的圆形试样试验时用图(参考)

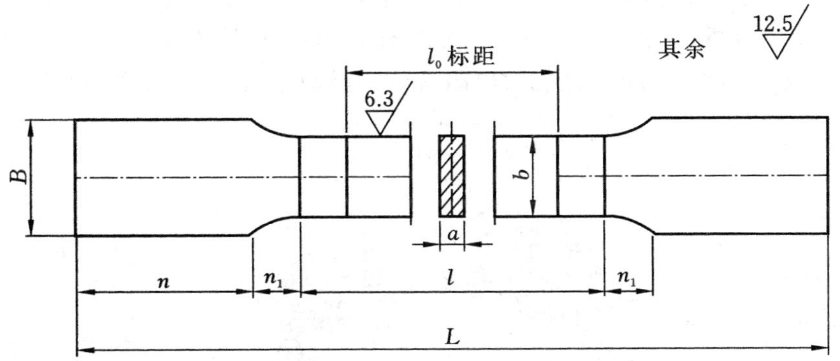

材料：45

短形试样：K=5.65

规格	试样号	数量	a	b	B	n	n_1	l_0	l	L
600 kN	45K	1	14	30	40	65	15	115	145	305
	34K	1	25	30	40	65	15	155	175	335

图 2.12 板状试样试验时用图(参考)

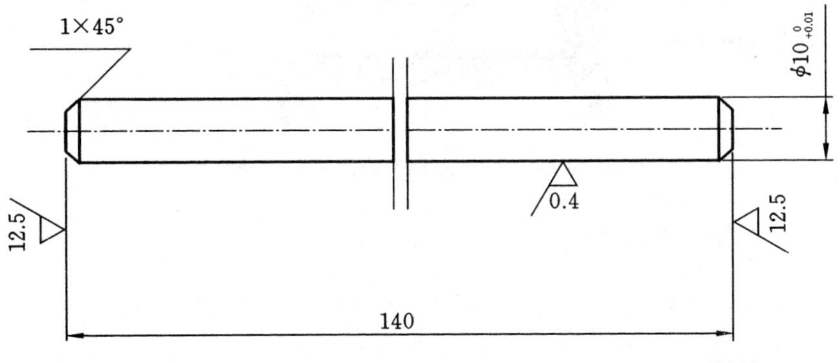

材料：45

图 2.13 抗剪试样试验时用图(参考)

2.2 材料力学多功能实验台

组合式材料力学多功能实验台是方便学生自己动手做材料力学电测实验的设备,一个实验台可做七个以上电测实验,功能全面,操作简单。

2.2.1 构造及工作原理

1. 外形结构:实验台为框架式结构,分前后两片架,其外形结构如图 2.14 所示。前片架可做弯扭组合受力分析,材料弹性模量、泊松比测定,偏心拉伸实验,压杆稳定实验,悬臂梁实验;后片架可做纯弯曲梁正应力实验,电阻应变片灵敏系数标定,叠梁实验等。

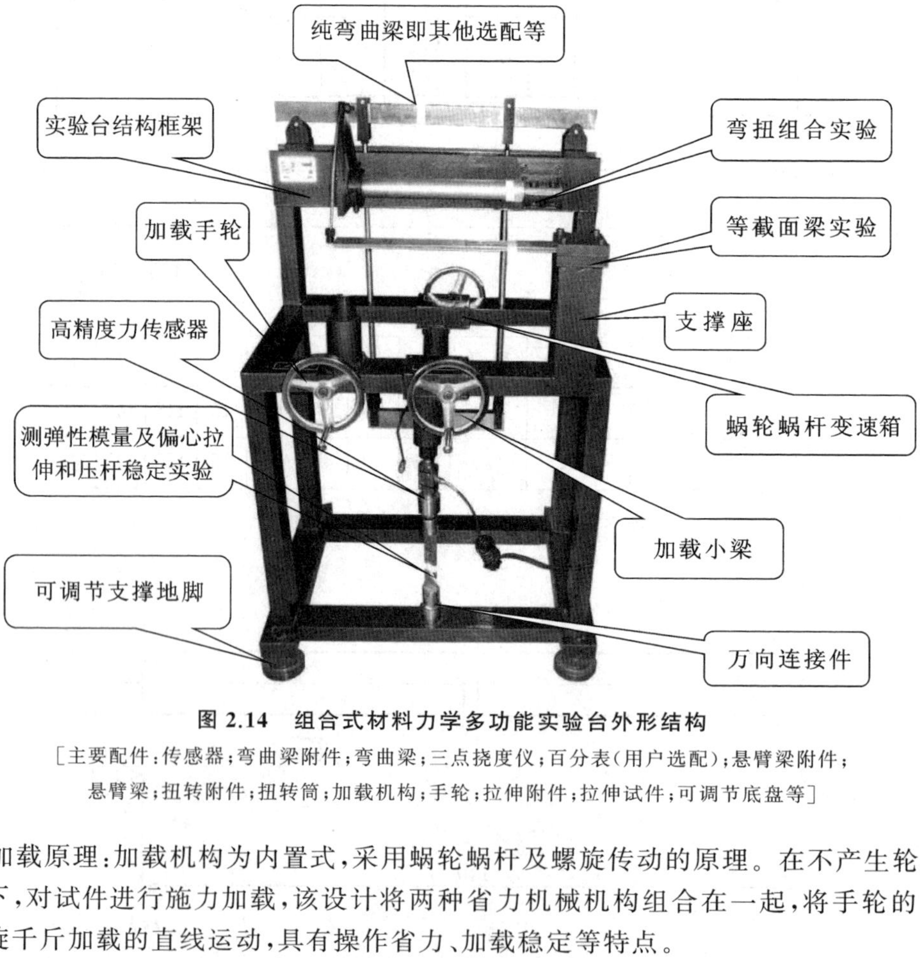

图 2.14 组合式材料力学多功能实验台外形结构

[主要配件:传感器;弯曲梁附件;弯曲梁;三点挠度仪;百分表(用户选配);悬臂梁附件;悬臂梁;扭转附件;扭转筒;加载机构;手轮;拉伸附件;拉伸试件;可调节底盘等]

2. 加载原理:加载机构为内置式,采用蜗轮蜗杆及螺旋传动的原理。在不产生轮齿破坏的情况下,对试件进行施力加载,该设计将两种省力机械机构组合在一起,将手轮的转动变成了螺旋千斤加载的直线运动,具有操作省力、加载稳定等特点。

3. 工作机理:实验台采用蜗杆和螺旋复合加载机构,通过传感器及过渡加载附件对试件进行施力加载,加载力大小经拉压力传感器由力 & 应变综合参数测试仪的测力部分测出所施加的力值;各试件的受力变形,通过力 & 应变综合参数测试仪的测试应变部分显示出来,该测试设备有微机接口,所有数据可由计算机分析、处理、打印。

2.2.2　操作步骤

1. 将所做实验的试件通过有关附件连接到架体相应位置,连接拉压力传感器和加载件到加载机构上去。

2. 连接传感器电缆线到仪器传感器输入插座,连接应变片导线到仪器的各个通道接口上去。

3. 打开仪器电源,预热约 20 min,输入传感器量程及灵敏度和应变片灵敏系数(一般首次使用时已调好,如实验项目及传感器没有改变,可不必重新设置),在不加载的情况下将测力量和应变量调至零。

4. 在初始值以上对各试件进行分级加载,转动手轮速度要均匀,记下各级力值和试件产生的应变值进行计算、分析和验证,如已与计算机连接,则全部数据可由计算机进行简单的分析并打印。

2.2.3　注意事项

1. 每次实验最好先将试件摆放好,仪器接通电源,打开仪器预热约 20 min 左右,讲完课再做实验。

2. 各项实验不超过规定的终载的最大拉压力。

3. 加载机构作用行程为 50 mm,手轮转动快到行程末端时应缓慢转动,以免撞坏有关定位件。

4. 所有实验进行完后,应释放加力机构,最好拆下试件,以免闲杂人员乱动损坏传感器和有关试件。

5. 蜗杆加载机构每三个月或定期加润滑机油,避免干磨损,延长使用寿命。

2.3　CML-1H 系列应变 & 力综合测试仪

2.3.1　概述

CML-1H 型应变 & 力综合测试仪是在 CML-1H 型静态电阻应变仪和测力仪的基础上,通过精心设计将两台仪器功能有机地结合到一起,在一台仪器完成两种仪器的工作,因此占实验室空间更小,使用更方便。

该综合参数测试仪配接材料力学实验台,采用 LED 多表头显示,传感器测力通道与普通应变测试通道同时并行工作且互不影响。测力部分通过对测量参数的正确设置,能适配绝大多数应变力(称重)传感器;应变测量部分采用现代应变测试中常用的预读数法自动桥路平衡的办法，增强学生对现代测试尤其是虚拟仪器测试的基本概念和使用方法的了解，测量迅速且准确。

全数字化智能设计，数字键与功能键配合使用，非常便于各种参数设置，多测点同时显示，操作简单，测量功能丰富，经以太网 TCP 接口与计算机连接后配合相应软件组成虚拟仪器测试系统，通过路由或交换机扩展，系统可扩 256 台。

采集速度高，软件对测点的应变值及测力通道进行实时监视，1～2 s 可完成对所有测点的采集，减初始应变的测量值、含初始应变的测量值可自动转换，测量数据按命令进行多级存储。

组桥方式全面，可组 1/4 桥、半桥、全桥、混桥，适合多种力学实验。配接力传感器测量拉压力，传感器配接范围广。测点切换采用进口优质器件程控完成，减少开关氧化引起的接触电阻变化对测试结果的影响。采用仪器上面板接线方式，接线简单方便；接线端子采用进口端子，接触可靠，不易磨损。

配接 CML-1H 静态测量软件可以进行静态应变采集、分析，每个独立系统能够对单台仪器的静态数据进行处理，计算相应的应力、应变值，显示应变片贴片处的最大主应力、最小主应力、最大主应变、最小主应变及最大主应力方向，数据可以转化为通用数据格式（word 文档、Excel 表格或图形）显示、存储或打印。该软件配有的 8 大模块功能集成实验理论依据，并直接将采集数据生成实验报告，便于实验教学。

系统组成及工作过程：本系统如图 2.15 组成，应变片及测力传感器接往 CML-1H 机箱，组成完整电桥，将应变片的电阻变化转换成电压变化，信号在应变仪内经过放大、滤波、采集。整个系统在计算机的控制下按预先编制的程序，通过以太网 TCP 口控制 CML-1H 的采集转换，进行储存、处理、显示或打印输出，亦可单独工作，完成采集存储，2 s 完成所有测点采样。

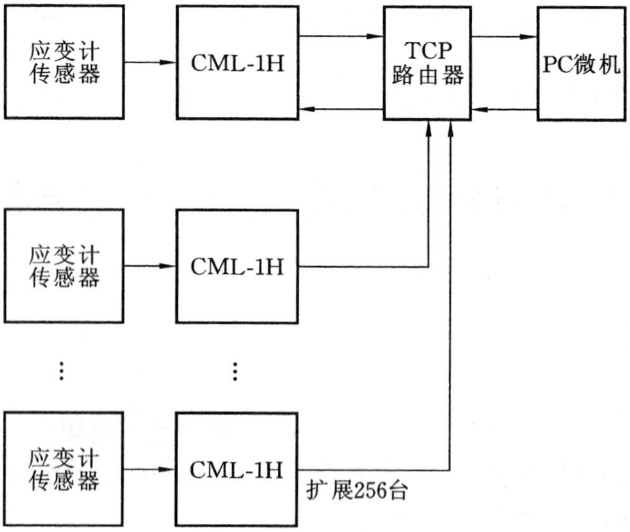

图 2.15　采集系统原理简图

2.3.2 系统的技术指标(表 2.2)

表 2.2 组合式材料力学多功能实验台外形结构参数

型号	CML-1H-16	CML-1H-32
参数测量点数	16 通道测应变,1 通道测力	32 通道测应变,1 通道测力
量程	±25000με	±25000με
初始不平衡值	±25000με	±25000με
测量精度	测量值的 0.2%±2με	测量值的 0.2%+2με
测量速度	≤16 点/1 s	≤32 点/2 s
零点漂移(温室,不考虑桥路影响)	<3με/4 h 温漂,<1με/℃	<3με/4 h 温漂,<1με/℃
灵敏度调节范围	0.001~9.999	0.001~9.999
试调电阻范围	60~1000 Ω	60~1000 Ω
桥压	2 V(UC)	2 V(PC)
温、湿度条件	温度 5~40 ℃,湿度<80%	温度 5~40 ℃,湿度<80%
工作电压	220 V±10% 50 Hz	220 V±10% 50 Hz
扩展数量	256 台	256 台

2.3.3 设备硬件连接及使用

本系统在使用前应在断电状态下按图 2.16 连接。

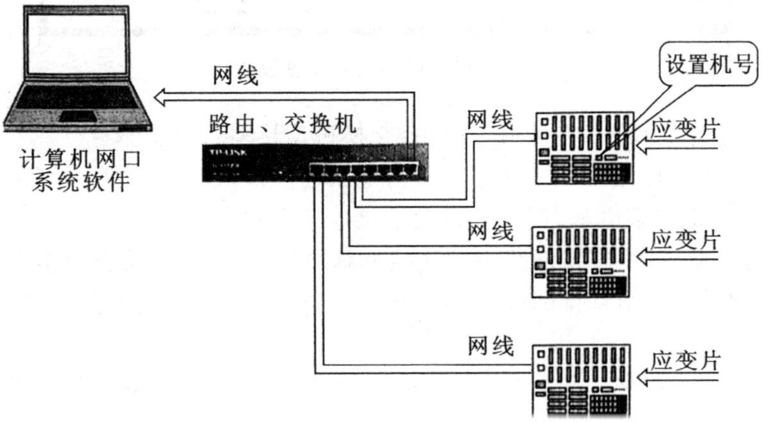

图 2.16 采集系统

2.3.3.1　设备测试前硬件连接准备说明

1. PC 机与 CML-1H 的连接

多台设备通过 10/100M 自适应以太网连接到交换机组建局域网，使信号采集通道扩展至足够多，传输距离足够远。每台设备都有备独立可设的机号，启动测试软件前通过修改相应设备机号，直接插接在局域网内。

计算机与 CML-1H 通过 TCP 接口连接，要求 PC 机备有 TCP 接口。电脑网络属性设置如图 2.17 所示：

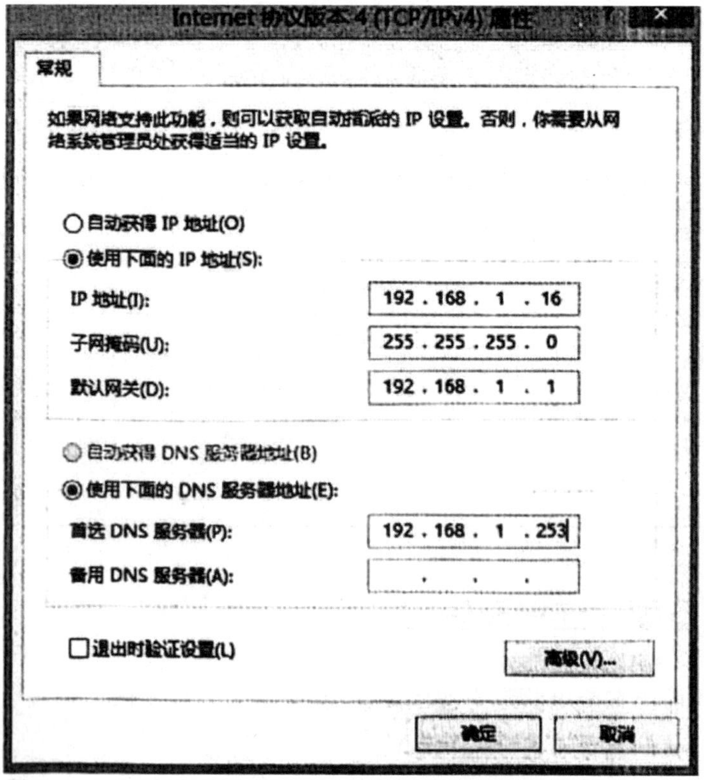

图 2.17　电脑网络属性设置

系统可以连接单台设备，亦可通过路由、交换机连接多台设备。

单台连机时，可以用网线直接连接设备与电脑的网口，也可通过路由连接。多台设备必须通过路由或交换机连接电脑，例如 8 口交换机连接方式：

(1) 电脑与交换机：用直排网线一端连接电脑网口，另一端连接交换机 8 口；

(2) 设备与交换机：用直排网线一端连接电脑网口，另一端连接路由 1～7 的任一空置网口。

注意：当多台设备组建采集局域网时，在运行采集软件前，必须严格按要求设置系统仪器联机站号，多台联机时，联机站号请由 01 顺序向下设置，不能有相同站号。如不联机测试可单独使用，即直接点击“确定”键，直接进入测量界面。

比如开机自检后机号显示位闪烁，由数字键输入“0”和“1”后按“确定”，该设备为局域网中的第一站点 No.01 号。下一台设置站号为 No.02(开机自检后机号显示位闪烁，由数字键输入“0”和“2”后按“确定”)，就成为系统中的第二站点，依次类推连接其他仪器，即完成与微机的连接准备工作。

2. 应变片与 CML-1H 的连接

每组测点组成同一种电桥的接线方式见图 2.18，图 2.19，图 2.20。

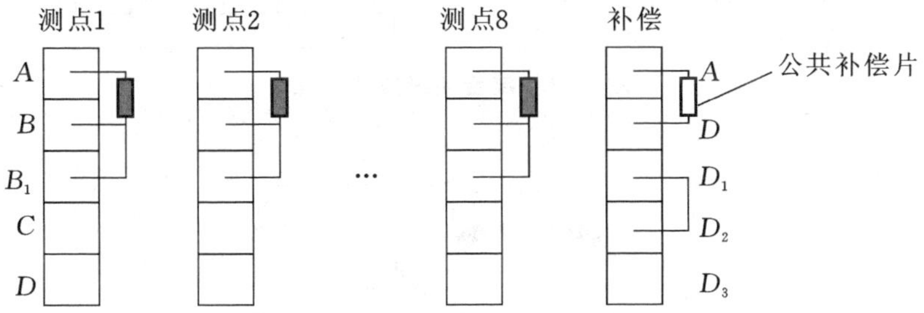

图 2.18 1/4 **桥接线方法**

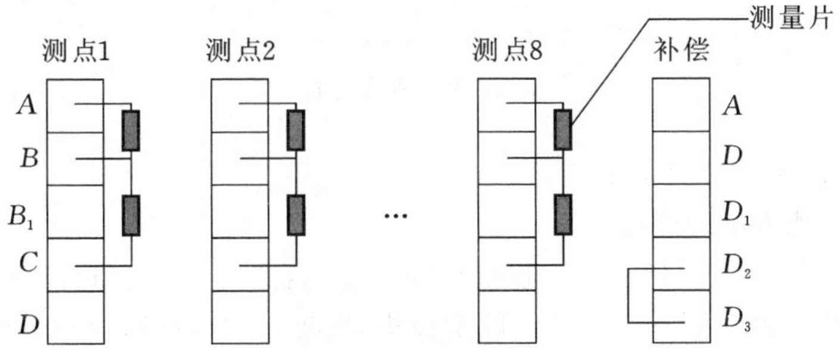

图 2.19 半桥接线方法

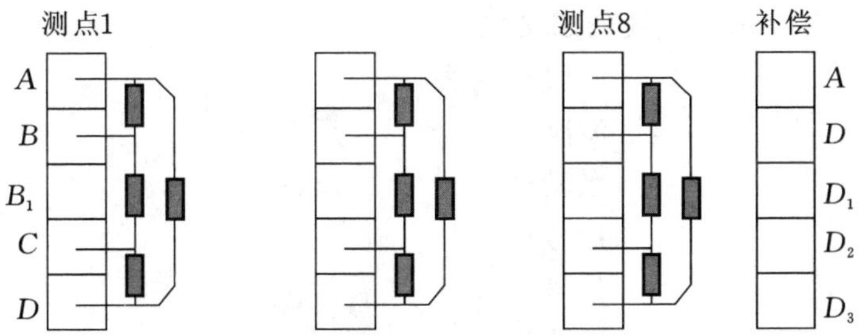

图 2.20 全桥接线方法

同时为了方便用户的使用，本应变仪每一组内的测点也可根据需要组成不同方式的电桥。全桥方式只需接好对应电桥的 $ABCD$ 端即可。1/4 桥、半桥、全桥的混合接线参见图 2.21。

每一测试组连线应使用屏蔽电缆，长度相等，应变片阻值也应预先挑选，使其基本相等，以利于桥路平衡。

测量时桥路图如图 2.22 所示。

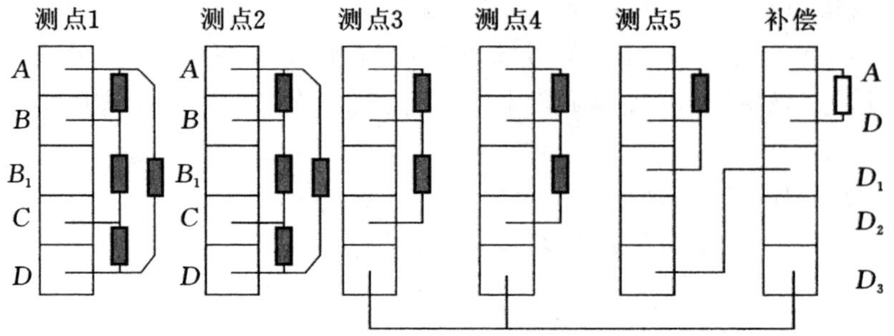

图 2.21 混合接线方法示意

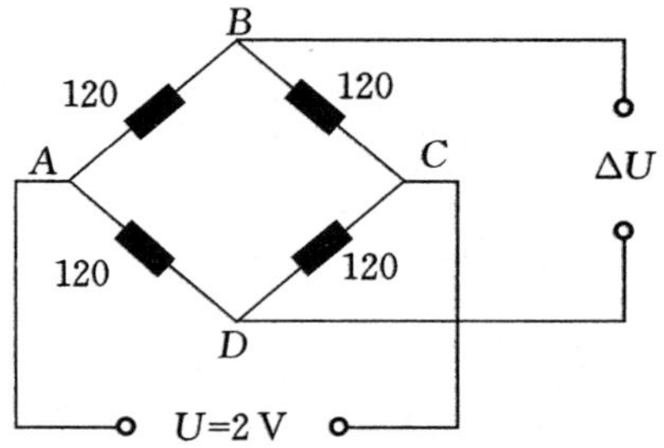

图 2.22 桥路组成

3. 测力传感器与 CML-1H 的连接

(1) 传感器与测力仪的连接

本仪器面板上部左侧装有一个 5 芯航空插头座，这是用于应变式拉压力传感器与本测试仪连接的。随机配件中附有一个 5 芯航空插头，应将之用电烙铁焊到传感器的输出线上。现市场上常见的应变式拉压力传感器(称重传感器)根据受力结构分为多种，如柱式、S 型、悬臂梁、轮辐式及孔辐式等，一般力学实验室采用柱式或 S 型传感器；从接线上一般分为 4 线、6 线接法。通常各厂家对接线的定义如下：

四线制接法：	六线制接法：	
激励＋	激励＋	反馈＋
激励－	激励－	反馈－
信号＋	信号＋	
信号－	信号－	
屏蔽(地)	屏蔽(地)	

教学使用的测力仪的 5 芯航空插头接线定义(图 2.23)如下：

四线制接法直接将传感器的焊接到一起，装好插头即可。

对于六线制的传感器，应将传感器的激励＋与反馈＋两条线绞合到一起，焊到航空插头的 1，即激励＋端；将激励－与反馈－两条线绞合到一起，焊到航空插头的 2，即激励－端；其他接线与对应序号的接线端焊接起来即可。

(2) 传感器与测力仪配合使用的标定设置

传感器与本仪器第一次配接时必须进行参数标定设置。一般应变力(称重)传感器的生产厂家在出厂合格证(或检测报告)中,应提供以下两个指标,以供本测力仪的标定工作。

一是传感器满量程:如 1 t、200 kN、500 kg、500 N 等。一般用户购买传感器时已按照自己实验的要求选择好,所以此处不用说明,只需注意在使用传感器的过程中不应使传感器过载,以免损坏传感器。同时在标定时注意满量程的单位,以便标定时输入。

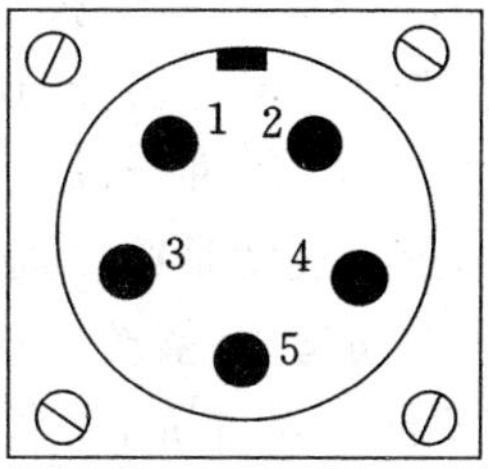

图 2.23 5 芯航空插头接线定义

1—激励+;2—激励-;3—信号+;4—信号-;5—屏蔽(地)

二是传感器灵敏度(部分厂家将该指标定义为额定输出):如 1.988 mV/V。该指标指的是传感器在受到满量程荷载时的输出值。

在得到该传感器的上述指标后就可进行标定设置工作了,详见按键介绍。

2.3.3.2 具体操作说明

1. 测量:仪器连接好应变片,面板输入端插入力传感器并检查无误后接通 220 V 电源,并将电源开关拨向“通”,9 组数码管发亮,由 5 到 0 递减显示完成仪器自检后,机号显示位闪烁,由数字键输入该仪器在测试系统的联机站号后按“确定”键。(注意:在运行采集软件前,必须严格按要求设置系统仪器联机站号,如不联机测试可单独使用,即直接点击“确定”键)

应变表头数字面板左部 1、2 位显示测点通道号,第 3 位显示正负号,第 4~8 位显示应变值或 K 值(仪器设置的应变片灵敏度系数)。预热 30 min,检查每个测量点初始不平衡值,如不平衡数值较小且稳定,表示此点连接正确。出现大的不平衡数值或显示“----”时,应查明应变片或导线是否断、短路或存在其他异常情况,根据具体情况排除故障。对传感器施加拉压力,这时仪器测力表头显示值即为测量到的力值,拉力指示为正,压力指示为负,当荷载达到报警设置值时仪器报警。经此检查正确后对各通道清零后给测件加载,加载完成后查看记录荷载值,仪器约以每秒所有测点的速率进行表头刷新显示。

2. 按键功能介绍:设备按键由数字键和功能键组成。

数字键的功能:数字键由数字 0~9 以及增(▲)、减(▼)键组成,主要用于数据采集通道的显示切换,应变片 K 值大小的设置及测力通道传感器参数设置。

功能键的功能:功能键共 12 个,“翻页”“复制”“K 值设定”及“应变清零”用于应变测试通道操作;“力单位设置”“力量程设置”“力灵敏度设置”“力报警设置”“力值清零”及“力设置解锁”键用于应变测试通道操作;“确定”及“返回”键为参数设置公用键。

有关键盘的详细操作介绍如下:

(1) 应变测试通道操作

应变通道显示测点切换:用户可通过“翻页”键来实现测点翻页切换。

应变片 K 值修正:当应变表头显示测量界面时,用户按“K 值设定”键将应变表头显示切换为 K 值修正界面,此时应变表头显示当前页 8 个通道上一次设置存储的 K 值,方便查看 K 值或对 K 值进行修正,并在该页第 通道的通道显示位置闪烁,此时由数字键输入 4 位数字,对当前通道 K 值进行修改,按“确定”键存储第一通道 K 值,同时第二通道的通道显示位置闪烁,进入第二通道的 K 值设置,操作如上。例:当前 K 值为 2.000,若操作者输入四位数如1999，则表头K值修正为1.999，完成对应变片K值的设置，按“确定”键保存对该通道K值的修正，并自动切换到下一通道，以此类推。也可按增(▲)、减(▼)键跳选到本页的其他通道K值进行设置。按“翻页”键，进入下一个页面。“翻页”后光标停留在当前页的第一个通道(也就是第一通道或第九通道)。在任一通道输入4位数字K值后，若按“复制”键则将16通道K值统一修改为与当前测点相同K值并自动保存，退回测量界面；若按“返回”键则返回测量界面，放弃当前通道K值设置，不保存。

应变值与K值显示最显著的差别是显示应变时8个表头显示测点和测量值，应变测量值均为整数，如果有通道空点未用或桥路不平衡，则测量界面该通道表头显示“- - - -”，如图2.24所示。而K值均为4位值，包括1位整数3位小数，如图2.25所示。

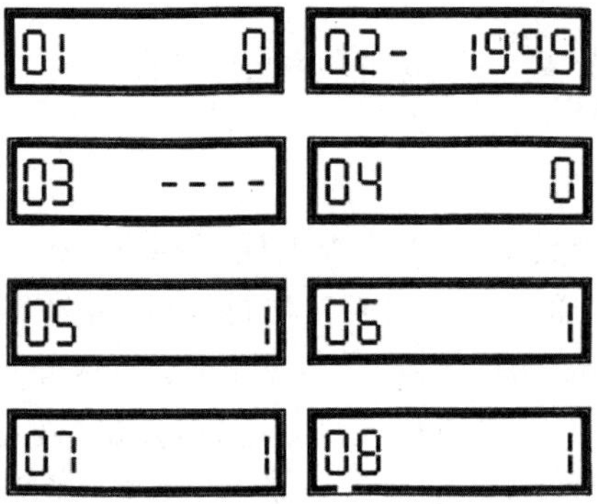

图2.24　切换应变通道显示测点

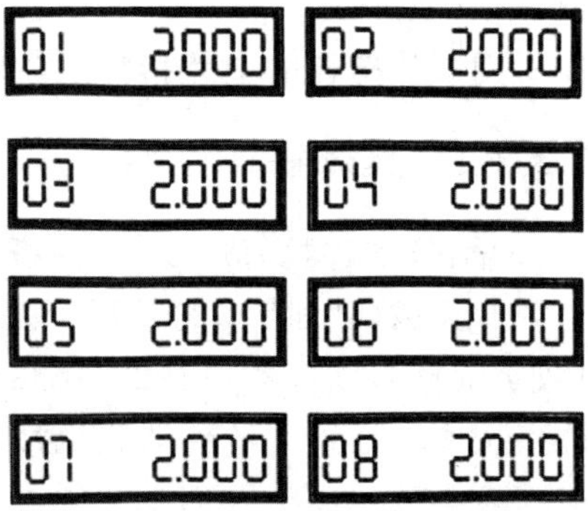

图2.25　应变值与K值显示

应变清零：在测量状态下按“应变清零”键，则应变测点全部清零。

(2) 力传感器测试通道操作

力传感器单位设置(图2.26)：按“力单位设置”键，设置传感器单位。这时测力数字表头左数第一位显示L，在此种状态下前面板上数字键1～4与单位指示灯t、kN、kg、N顺序对应，也可按增(▲)、减(▼)键选择单位。根据传感器的单位按一下对应的数字键，面板上对应的单位指示灯点亮，按“确定”键，保存设置，传感器单位设置完成返回测量界面；按“返回”键放弃新单位选择，返回测量界面。

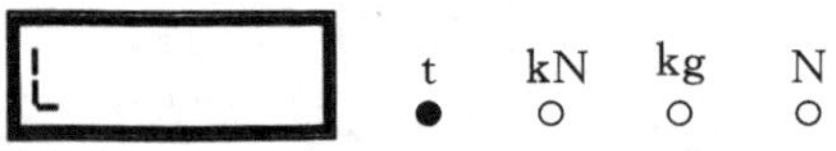

图2.26　力单位设置

力传感器灵敏度设置(图2.27)：按“力灵敏度设置”键，设置传感器的灵敏度，这时数字表上显示带小数点的四位数，输入传感器灵敏度，如1.988 mV/V，直接按数字键1、9、8、8即可(注意一定要输全四个数)，按“确定”键保存新值，返回测量界面；按“返回”键放弃新值修正，返回测量界面。

图2.27　力灵敏度设置

力传感器量程设置(图 2.28):按“力量程设置”键,设置传感器满量程,测力数字表头左数第一位显示 H,右侧四位显示满度值,输入传感器的满量程值,如 100 N,直接按数字键 1、0、0 即可,按“确定”键保存新值,返回测量界面;按“返回”键放弃新值修正,返回测量界面。

图 2.28 力量程设置

力传感器报警设置(图 2.29):按“力报警设置”键,设置测力通道报警值,此时数字表头左数第一位显示 E,右侧四位显示过载报警值,如力传感器荷载超过 80 报警,直接输入 8、0 即可,当传感器加载到设置值时警报器会发出蜂鸣报警,按“确定”键保存新值,返回测量界面;按“返回”键放弃新值修正,返回测量界面。

图 2.29 力报警设置

测力清零:按“力值清零”键,对传感器输入通道清零。

力设置解锁:本设备开机默认测力传感器参数修改有密码保护,即在进行测力传感器相应参数设置时,测力表头显示“- - - -”,提示密码保护,测力参数不可设。按“返回”键回测量界面。如需要修改传感器参数,需按“力设置解锁”键进入解密界面,测力表头显示“- - - -”并闪烁,输入 4 位数字密码 4032,功能解锁,测力参数可以修改。

2.3.3.3 数据采集分析系统的运行操作

测量软件的安装:在 WINDOWS 系统下的安装。进入“CML-1H 测量系统安装(for WINDOWS)”文件夹中,双击“setup”执行文件,即可按提示安装。软件默认安装路径为系统文件所在根目录下的“program files”,用户也可自己设置安装路径。其后,检查系统连线,开机设置联机站号后方可运行软件。

计算机的要求:建议使用电磁兼容指标合格的品牌机及正版 WINDOWS 软件,计算机配有 TCP 口,在完成了系统的连接与检查后,将仪器预热 30 min 后进行测量。

2.3.4 使用及维护

1. 在使用本仪器前要仔细阅读使用说明书,避免连线和操作错误,给测量带来困难。

2. 仪器应尽可能在 0~40 ℃的温度下使用,避免阳光强烈照射。

3. 避免在高温度条件下使用,并尽量远离磁场源(电机,大变压器),减小仪器干扰,并避免静电干扰及对元器件的损害。

4. 测量片与温度补偿片的阻值尽量选用一致,所用的连接导线线径和长度要相同,这样便于平衡。

5. 测量片与补偿片不受阳光曝晒、高温辐射的影响,补偿片应贴在与试件相同的材料上，与测量片保持同样的温度，应变片对地绝缘电阻应在 500 MΩ 以上。

6. 本仪器必须使用三孔电源线，连接电源前应检查三孔插座中孔是否接大地，如未接，请务必将中孔接大地，以免机箱产生感应电，影响仪器准确度且危及使用者的人身安全。

2.3.5 故障与检修(表 2.3)

如果仪器不能正常工作，下面的方法可以快速解决一般的问题。

表 2.3 故障与检修

故障	可能原因	检修方法
数字表头显示“----”，桥路不能平衡	输入连接线开路	正确连线
	桥路连接形式不正确	按说明书选对桥路形式
	应变片断、短路或阻值误差大于 2 Ω，应变片对地短路	用万用表检查应变片电阻及对地电阻
零点漂移及数字跳动大	导线与接线端子接触不良	重新连接
	应变片绝缘电阻降低	用万用表检查应变片对地电阻
	导线对地电阻降低	用万用表检查导线对地电阻
	应变片粘贴工艺不好	重新粘贴
	仪器机箱未接大地	将仪器机箱接地端子与大地连接
	空气流动大，温度变化快	采取措施尽量避免风吹日晒
测量值误差偏大	应变片灵敏度系数设置不对	重新设置 K 值
自检后机号位不闪烁	仪器初始化失败	重启
开机自检显示乱码	开机峰值电流过大	重启

3　电测法的基本原理

电测法是将构件的物理量、机械量、力学量(如应变)等非电量通过敏感元件转换成电参量的一种实验方法。电测应力应变分析方法使用的敏感元件是电阻应变片(或称电阻应变计),其原理如图3.1所示。将电阻应变片粘贴在被测构件的表面,当构件在外力作用下产生变形时,电阻应变片的电阻值将发生相应的变化,通过电阻应变仪将电阻的变化转化成电压变化,再换算成应变值直接显示或输出给函数记录仪记录下来,也可由计算机进行采集和处理,就可以得到被测量的应变或应力。

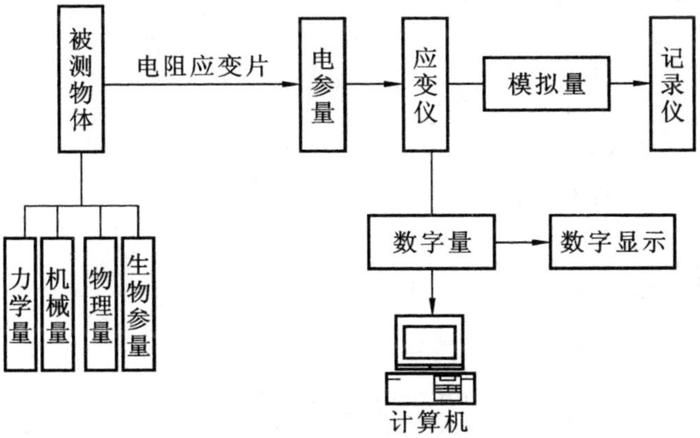

图3.1　电测法原理图

电测法具有以下优点:

(1) 测量灵敏度和精度高,应变最小分辨率可达10^{-6}。

(2) 测量应变的范围广,可测$10^{-6}\sim10^{-2}$的应变。

(3) 应变片的最小标距(栅长)只有0.2 mm,可以满足大应力梯度的测量要求。

(4) 能进行静、动态测量,频响范围为0～±50 kHz。

(5) 轻便灵活,适用于现场与野外等恶劣环境下测试。

(6) 能在高、低温及高压液体等特殊条件下测量。

(7) 测量输出为电信号,便于进行自动化、数字化测量。

由于电阻应变片具有上述优点,因而被广泛应用于以下各领域:

(1) 工业生产线的现场实测与监控。

(2) 新产品投产前的模型设计实验。

(3) 土木工程、航空航天、国防工业、交通运输等领域的大型结构的应力应变测试。

(4) 运动生物力学测试,如行走步态、足底压力分布、重心轨迹、假肢参数等的测试。

(5) 制造各种传感器,如力、位移、加速度等传感器。

电测法的不足之处:一枚应变片只能测量构件表面一点(贴片处)沿应变片轴线方向的应变,测出的应变只能代表栅长范围内的平均应变,而且应变片不能重复使用。

3.1 敏感元件-电阻应变片的工作原理

敏感元件有不同种类,按性质可分为光敏、气敏、声敏、压敏等;按工作原理可分为电阻式、电容式、电感式、压电式、电磁式等,其中电阻式结构最简单,应用最广泛。本章主要介绍电阻式敏感元件——电阻应变片。

3.1.1 金属丝的应变效应

由物理学可知,物体的几何尺寸与电阻值有如下关系

$$R=\rho\frac{l}{A} \tag{3.1}$$

式中 l——金属丝的长度;

A——金属丝的截面面积;

R——电阻值;

ρ——金属丝的电阻率。

对式(3.1)取对数后微分可得

$$\frac{\mathrm{d}R}{R}=\frac{\mathrm{d}\rho}{\rho}+\frac{\mathrm{d}l}{l}-\frac{\mathrm{d}A}{A} \tag{3.2}$$

根据金属的物理性质,有

$$\frac{\mathrm{d}\rho}{\rho}=C\frac{\mathrm{d}V}{V} \tag{3.3}$$

式中 C——在常温常压条件下为常数;

$\frac{\mathrm{d}V}{V}$——体积变化率。

根据金属的物理性质和材料力学理论可知$\frac{\mathrm{d}A}{A}$、$\frac{\mathrm{d}\rho}{\rho}$也与$\frac{\Delta l}{l}$呈线性关系,由此可得

$$\frac{\Delta R}{R}=[(1+2\mu)+m(1-2\mu)]\frac{\Delta l}{l}=K\frac{\Delta l}{l} \tag{3.4}$$

式中 μ——金属丝材料的泊松比;

m——常数,与材料种类有关。

式(3.4)反映了金属丝的电阻应变效应,即电阻值随金属丝的变形而发生改变的物理特性。电阻应变片就是利用了金属丝的这种电阻应变特性,通过粘贴在构件上的电阻应变片

的电阻变化率$\frac{\Delta R}{R}$测量出构件的应变$\frac{\Delta l}{l}$，其电阻的变化与构件应变值成正比，比例系数为K。应变通常用符号ε表示，该式可以写成

$$\frac{\Delta R}{R}=K\varepsilon \tag{3.5}$$

3.1.2 应变片的温度效应

温度变化时，金属丝的电阻值也随着发生变化，记作$\left(\frac{\Delta R}{R}\right)_T$。该电阻变化是由两部分引起的：一部分是由金属丝温度系数引起的

$$\left(\frac{\Delta R}{R}\right)'_T=\alpha_T\Delta T \tag{3.6}$$

另一部分是由金属丝与构件的材料膨胀系数不同而引起的：

$$\left(\frac{\Delta R}{R}\right)''_T=K_S(\beta_2-\beta_1)\Delta T \tag{3.7}$$

因而温度引起的电阻变化为：

$$\left(\frac{\Delta R}{R}\right)=[\alpha_T+K_S(\beta_2-\beta_1)]\Delta T \tag{3.8}$$

式中 α_T——金属箔材的电阻温度系数；
β_1——金属箔材的热膨胀系数；
β_2——构件材料的热膨胀系数；
ΔT——温差；
K_S——应变片的灵敏系数。

式(3.8)说明，应变片的温度效应主要取决于敏感栅和构件材料的性能和温度变化范围。要想准确测量构件的应变，就要克服温度对电阻应变片的电阻变化的影响。一种办法是使电阻片的系数$[\alpha_T+K_S(\beta_2-\beta_1)]$等于零，这种电阻片称为温度自补偿电阻片；另一种办法是测量应变时采取增加温度补偿片等措施，利用测量电桥的加减特性来消除温度变化对应变测量的影响。这种方法将在后文仔细阐述。

3.1.3 应变片的结构形式及主要性能指标

电阻应变片的结构如图 3.2(a)所示，由敏感栅、覆盖层、基底和引线等组成。敏感栅有两种制作方式：一种是由直径为 0.02～0.05 mm 的康铜或镍铬等金属丝绕成栅状，其电阻片称为丝式应变片；另一种是如图 3.2(b)所示的用 0.003～0.01 mm 厚的康铜或镍铬箔片，利用光刻技术腐蚀成栅状，其电阻片称为箔式应变片。丝式应变片多采用纸基底和纸覆盖层，

且这种敏感栅不易制成小尺寸栅长，所以这种应变片标距较大、适用范围不宽、价格较低。而箔式应变片栅箔薄而宽，因而粘贴牢固、散热性好，能较好反映构件表面的变形，测量精度高，同时易于制成栅长很小或各种形状的应变片，所以在各个测量领域得到广泛应用。

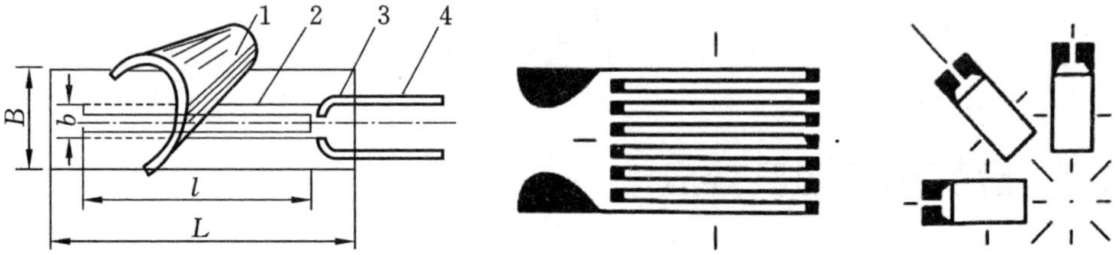

(a)　　(b)　　(c)

图 3.2　电阻应变片的结构

(a)电阻应变片的结构；(b)箔式应变片；(c)45°应变花

1—覆盖层；2—敏感栅；3—基底；4—引线

按照敏感栅的结构形状，应变片又可分为单轴应变片和多轴应变片。单轴应变片即在一个基底上只有一个敏感栅，只能测量构件表面沿敏感栅长度方向的应变。而多轴应变片常称为应变花，是将由 2 个或 3 个以上轴线相交成一定角度的敏感栅制作在一个基底上，可测量构件表面贴片处沿几个敏感栅长度方向的应变。应变花有 90°应变花（两个敏感栅互成 90°）、45°应变花[如图 3.2(c)所示，三个敏感栅互成 45°]、120°应变花（三个敏感栅互成 120°）和 60°应变花（三个敏感栅互成 60°）等几种规格。

电阻应变片的主要参数如下：

1. 尺寸。尺寸是指应变片敏感栅的标距长度（栅长）和宽度（栅宽）。应变片栅长一般为 0.2～100 mm。教学实验常用的应变片尺寸为 4 mm×2 mm，即敏感栅长为 4 mm、宽为 2 mm。选用时，一定要根据被测构件情况和实验要求选择应变片尺寸。

2. 标称电阻 R。标称电阻 R 指应变片未经安装也不受力时常温下测量的电阻值，一般有 60 Ω、120 Ω、350 Ω 等几种，其中 120 Ω 电阻片在电测实验中最为常用。

3. 灵敏系数 K。应变片的电阻变化率与应变的关系如同式(3.5)所示，其中 K 即为应变片的灵敏系数。应变片的 K 值除了与敏感栅的材料、形式和尺寸有关外，还与应变片的制作工艺有关。该值由制造厂家用专门的设备抽样标定，并在成品上标明。电阻应变片的灵敏系数一般为 1.5～2.5。

4. 绝缘电阻。绝缘电阻是指电阻应变片引出线与构件之间的电阻值。短期使用的绝缘电阻应达到 50～100 MΩ，长期使用的绝缘电阻应保证在 500 MΩ 以上。

5. 允许电流。静荷测量的允许电流为 25 mA，动荷测量的允许电流为 75～100 mA。如电流大，应变片温度将升高，会影响应变测量精度。

3.1.4　应变片的粘贴工艺

粘贴应变片是电测法的重要环节，粘贴工艺的好坏直接影响测量的精度，因此，必须严格按照粘贴工艺进行操作。首先，必须保证被测构件表面清洁、平整，无油污和锈迹；其次，要保证粘贴的位置准确；最后，要使用专用黏结剂，一般短时测量常使用瞬间固化胶（俗称502胶），长期测量则用环氧类的高温固化胶。

操作步骤如下：

1. 打磨。测量部位的表面经打磨后应平整、光滑。

2. 画线。测点处用钢针精确画出十字交叉线，以便应变片定位。

3. 清洗。一般用丙酮浸泡过的脱脂棉清洗欲粘贴部位的表面。

4. 粘贴。在应变片的背面均匀地涂上一层黏结剂，胶层要厚度适中；对准十字交叉线将电阻片粘贴在欲测部位；将聚四氟乙烯薄膜覆盖在应变片上，用手指轻轻地滚压，以便挤出气泡和多余的胶。再用同样的方法粘贴引线端子。

5. 焊线。将应变片的两根引线焊在端子上，在端子上焊出两根导线。

3.2 测量电路-电桥的工作原理

通过电阻应变片可以将试件的应变转换成应变片的电阻变化，通常这种电阻变化很小。测量电路的作用就是将电阻应变片感受到的电阻变化率$\frac{\Delta R}{R}$变换成电压（或电流）信号，再经过放大器将信号放大、输出。

测量电路有多种，惠斯登电路是最常用的电路，如图3.3所示。设电桥各桥臂电阻分别为R_1、R_2、R_3、R_4，其中任一桥臂都可以是电阻应变片。电桥的A、C端为输入端，接电源；B、D端为输出端，输出电压为U_{BD}。

从ABC半个电桥来看，A、C间的电压为E，流经R_1的电流为：

$$I_1=\frac{E}{R_1+R_2} \tag{3.9}$$

R_1两端的电压降为：

$$U_{AB}=I_1R_1=\frac{R_1E}{R_1+R_2} \tag{3.10}$$

同理，R_3两端的电压降为：

$$U_{AD}=I_3R_3=\frac{R_3E}{R_3+R_4} \tag{3.11}$$

因此可得到电桥输出电压为：

$$U_{BD}=U_{AB}-U_{AD}=\frac{R_1E}{R_1+R_2}-\frac{R_3E}{R_3+R_4}=\frac{(R_1R_4-R_2R_3)E}{(R_1+R_2)(R_3+R_4)} \tag{3.12}$$

由上式可知，当

$$R_1R_4=R_2R_3\text{或}\frac{R_1}{R_2}=\frac{R_3}{R_4} \tag{3.13}$$

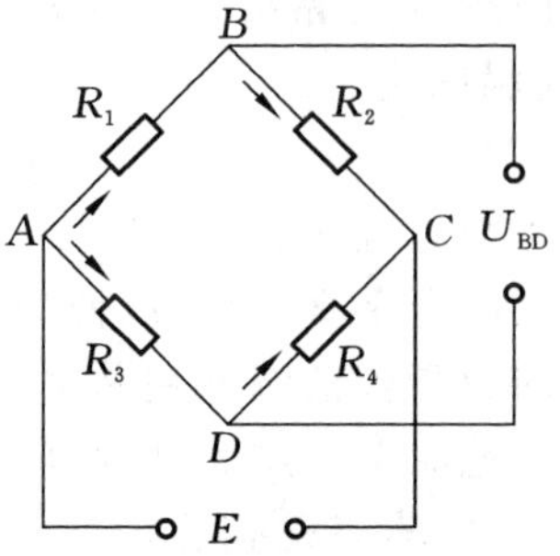

图 3.3 惠斯登电路图

时，输出电压 U_{BD} 为零，称为电桥平衡。

设电桥的四个桥臂与粘在构件上的四枚电阻应变片连接，当构件变形时，其电阻值的变化分别为 $R_1+\Delta R_1$、$R_2+\Delta R_2$、$R_3+\Delta R_3$、$R_4+\Delta R_4$，此时电桥的输出电压为

$$U_{BD}+\Delta U_{BD}=\left(\frac{R_1+\Delta R_1}{R_1+R_2+\Delta R_1+\Delta R_2}-\frac{R_4+\Delta R_4}{R_3+R_4+\Delta R_3+\Delta R_4}\right)E \tag{3.14}$$

经整理、简化并略去高阶小量，可得电桥电压变化量为

$$\Delta U_{BD}=\frac{E}{4}\left(\frac{\Delta R_1}{R_1}-\frac{\Delta R_2}{R_2}+\frac{\Delta R_3}{R_3}-\frac{\Delta R_4}{R_4}\right) \tag{3.15}$$

该式表明，电桥输出电压的变化量 ΔU_{BD} 与四个桥臂的电阻变化率呈线性关系。需要注意的是，该式成立的必要条件是：

(1) 小应变，$\frac{\Delta R}{R}\ll 1$；

(2) 等桥臂，$R_1=R_2=R_3=R_4$。

当四片电阻片的灵敏系数 K_S 相等时，上式又可写作

$$\Delta U_{BD}=\frac{EK_S}{4}(\varepsilon_1-\varepsilon_2+\varepsilon_3-\varepsilon_4) \tag{3.16}$$

式中 $\varepsilon_1,\varepsilon_2,\varepsilon_3,\varepsilon_4$——表电阻片 R_1、R_2、R_3、R_4 对应的应变值。

上式表明，电压变化量 ΔU_{BD} 与四个桥臂电阻片对应的应变值 ε_1、ε_2、ε_3、ε_4 呈线性关系。应当注意，式中的 ε 是代数值，其符号由变形的方向决定。通常拉应变为正，压应变为负。根据 ΔU_{BD} 计算式可以看出，相邻两桥臂的 ε 符号一致时，两应变相抵消；符号相反时，则两应变绝对值相加。而相对两桥臂的 ε 符号一致时，其绝对值相加，否则两者相互抵消。显然，若不同符号的应变按不同的顺序组桥，会产生不同的测量效果。利用组桥方式的不同，可以提高测量的灵敏度并减小误差。

3.2.1 组桥方式

1. 单臂测量：电桥中只有一个桥臂（常用 AB 臂）是参与机械变形的电阻片，其他三个桥

臂的电阻片都不参与机械变形。这时,电桥的输出电压为

$$\Delta U_{BD}=\frac{E}{4}\frac{\Delta R_1}{R_1}=\frac{EK_S}{4}\varepsilon_1 \tag{3.17}$$

2. 半桥测量:电桥中相邻两个桥臂(常用 AB、BC 两桥臂)是参与机械变形的电阻片,其他两个桥臂是不参与机械变形的固定电阻,这时电桥的输出电压为

$$\Delta U_{BD}=\frac{E}{4}\left(\frac{\Delta R_1}{R_1}-\frac{\Delta R_2}{R_2}\right)=\frac{EK_S}{4}(\varepsilon_1-\varepsilon_2) \tag{3.18}$$

3. 对臂测量:电桥中相对两个桥臂(常用 AB、CD 两桥臂)是参与机械变形的电阻片,其他两个桥臂是固定电阻,这时电桥的输出电压为

$$\Delta U_{BD}=\frac{E}{4}\left(\frac{\Delta R_1}{R_1}+\frac{\Delta R_3}{R_3}\right)=\frac{EK_S}{4}(\varepsilon_1+\varepsilon_3) \tag{3.19}$$

4. 全桥测量:电桥中的四个桥臂都是参与机械变形的电阻片,这时电桥的输出电压为

$$\Delta U_{BD}=\frac{EK_S}{4}(\varepsilon_1-\varepsilon_2+\varepsilon_3-\varepsilon_4) \tag{3.20}$$

另外,还有串联组桥方式,即两片参与机械变形的电阻片串联在同一桥臂上。

3.2.2　温度补偿

电阻应变片的电阻随温度变化而变化,利用电桥的加减特性,可通过温度补偿片来消除这一影响。所谓温度补偿,是将电阻片贴在与构件材质相同但不参与变形的一块材料上,并与构件处于相同的温度条件下。将温度补偿片正确地连接在桥路中,即可消除温度变化所产生的影响。

下面分别讨论各种组桥方式下的温度补偿。通常,参与机械变形的电阻应变片称为工作片,电桥中用符号—▬—来表示;温度补偿片用符号—▭—来表示;另外,仪器中还设有不随温度变化的内接标准电阻,用符号—▨—来表示。

1. 单臂测量(图 3.4):AB 臂接工作片,BC 臂接温度补偿片,CD、DA 臂接仪器内的电阻。考虑温度引起的电阻变化,得出

$$\Delta U_{BD}=\frac{E}{4}\left[\left(\frac{\Delta R_1}{R_1}\right)+\left(\frac{\Delta R_1}{R_1}\right)_T-\left(\frac{\Delta R_2}{R_2}\right)_T\right] \tag{3.21}$$

由于 R_1 和 R_2 温度条件完全相同,因此 $\left(\frac{\Delta R_1}{R_1}\right)_T=\left(\frac{\Delta R_2}{R_2}\right)_T$,所以电桥的输出电压只与工作片引起的电阻变化有关,与温度变化无关,即

$$\Delta U_{BD}=\frac{E}{4}\frac{\Delta R_1}{R_1} \tag{3.22}$$

2. 邻臂测量(图 3.5):其中 AB、BC 臂接工作片,CD、DA 仍接仪器内的标准电阻。两

工作片处在相同的温度条件下，$\left(\frac{\Delta R_1}{R_1}\right)_T=\left(\frac{\Delta R_2}{R_2}\right)_T$，由桥路的加减特性自动消除了温度的影响，无须另接温度补偿片，即

$$\begin{aligned}\Delta U_{BD}&=\frac{E}{4}\left\{\left[\left(\frac{\Delta R_1}{R_1}\right)+\left(\frac{\Delta R_1}{R_1}\right)_T\right]-\left[\left(\frac{\Delta R_2}{R_2}\right)+\left(\frac{\Delta R_2}{R_2}\right)_T\right]\right\}\\&=\frac{E}{4}\left(\frac{\Delta R_1}{R_1}+\frac{\Delta R_2}{R_2}\right)\end{aligned}\tag{3.23}$$

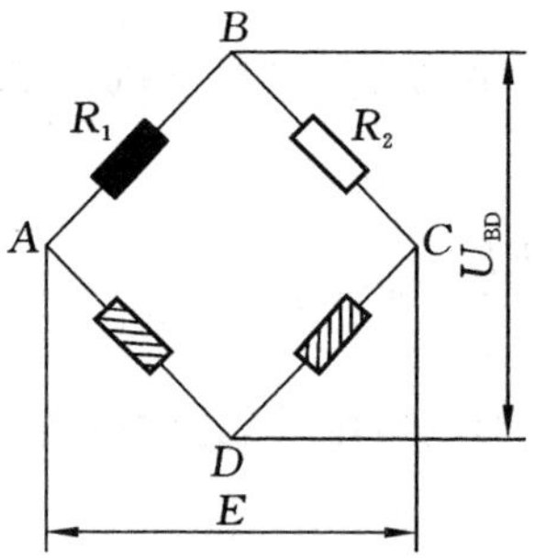

图 3.4　单臂测量

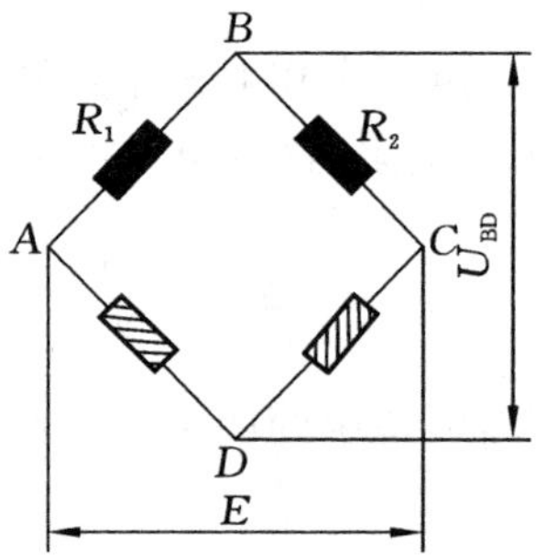

图 3.5　邻臂测量

3. 对臂测量(图 3.6)：一般 AB、CD 两个对臂接工作片，另两个对臂 BC、DA 接温度补偿片。这时四个桥臂的电阻处于相同的温度条件下，相互消除了温度的影响，即

$$\Delta U_{BD}=\frac{E}{4}\left(\frac{\Delta R_1}{R_1}+\frac{\Delta R_3}{R_3}\right)\tag{3.24}$$

4. 全桥测量(图 3.7)：四个桥臂都是工作片，由于它们处于相同的温度条件下，因此相互抵消了温度的影响，即

$$\Delta U_{BD}=\frac{E}{4}\left(\frac{\Delta R_1}{R_1}-\frac{\Delta R_2}{R_2}+\frac{\Delta R_3}{R_3}-\frac{\Delta R_4}{R_4}\right)\tag{3.25}$$

在单臂串联测量时，BC 臂需要两个补偿片串联起来才能消除温度的影响。

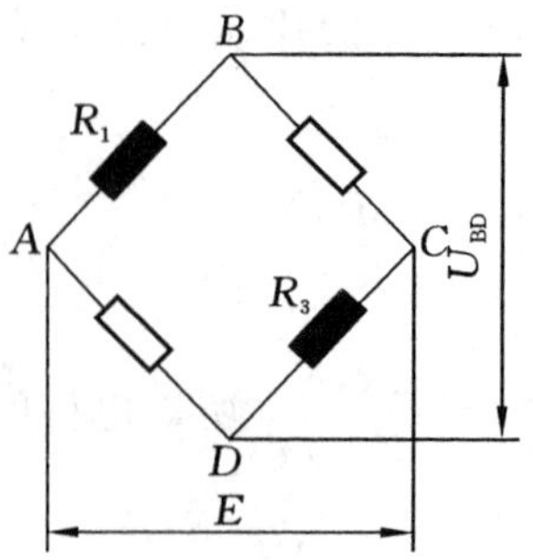

图 3.6　对臂测量

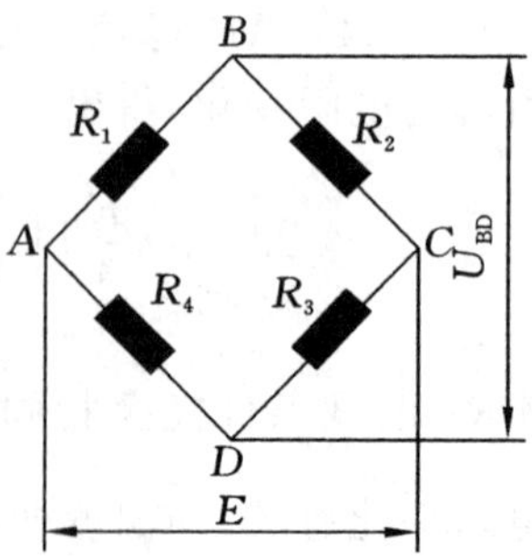

图 3.7　全桥测量

3.2.3 桥臂系数及电阻应变仪读数的修正公式

电阻应变仪是测量应变的专用仪器，电阻应变仪的输出电压 ΔU_{BD} 是用应变值 $\varepsilon_{仪}$ 直接显示的。与电阻片的灵敏系数 K_S 相对应，电阻应变仪也有一个灵敏系数 K。有些仪器的 $K_{仪}$ 是可调的，也有一些 $K_{仪}$ 是固定值。当 $K_{仪}=K_S$ 时，$\varepsilon_{仪}=\varepsilon$，电阻应变仪的读数 $\varepsilon_{仪}$ 值不必修正，否则，需要按下式进行修正

$$K_{仪}\varepsilon_{仪}=K_S\varepsilon \tag{3.26}$$

前面已讲到，同一测量，组桥方式不同，其输出电压（或电阻应变仪读数）也不相同。因此，通常定义测量出的电阻变化率（或应变）与待测的电阻变化率（或应变）之比为桥臂系数。测量出的电阻变化率（或应变）是四个桥臂电阻变化率（或应变）的代数和，即 $\sum_{n=1}^{4}(-1)^{n+1}\frac{\Delta R_n}{R_n}$，而待测的电阻变化率（或应变）为 $\frac{\Delta R}{R}$（或 ε）。因此，桥臂系数 B 为

$$B=\frac{\sum_{n=1}^{4}(-1)^{n+1}\frac{\Delta R_n}{R_n}}{\frac{\Delta R}{R}} \tag{3.27}$$

用应变表示为

$$B=\frac{\sum_{n=1}^{4}(-1)^{n+1}\varepsilon_n}{\varepsilon} \tag{3.28}$$

如上所述，单臂测量值就是待测值，此时桥臂系数 $B=1$。熟悉桥臂系数的计算，正确掌握组桥的方法是提高精度和灵敏度的关键。

3.2.4 应力测量方法

电阻应变片直接测量的是其轴线方向的应变值，根据应力-应变关系，即可计算出应力值。下面分以下几种情况来讨论：

1. 单向应力状态。构件在轴向拉伸（压缩）或梁在纯弯时，都是单向应力状态。此时，只需沿其应力方向粘贴一片电阻应变片 R_1，如图 3.8 所示，并测出其应变值 ε，根据胡克定律即可计算出应力 $\sigma=E\varepsilon$。

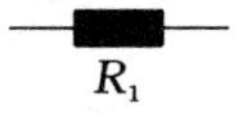

图 3.8 单向应力状态

2. 主应力方向已知的平面应力状态。如图 3.9 所示的主应力方向粘贴两片电阻应变片，测出 ε_1 和 ε_2 后，即可根据广义胡克定律计算出主应力值，计算公式如下：

$$\sigma_1=\frac{E}{1-\mu^2}(\varepsilon_1+\mu\varepsilon_2) \tag{3.29a}$$

$$\sigma_2=\frac{E}{1-\mu^2}(\varepsilon_2+\mu\varepsilon_1) \tag{3.29b}$$

3. 主应力方向未知的平面应力状态。这时为了测量主应力及其方向，必须在三个不同方向粘贴三片电阻应变片，通常称为电阻应变花（简称应变花）。常用的应变花有两种：一种为45°应变花，如图3.10所示；另一种为60°应变花，如图3.11所示。

下面分别介绍主应力（应变）及其计算公式。

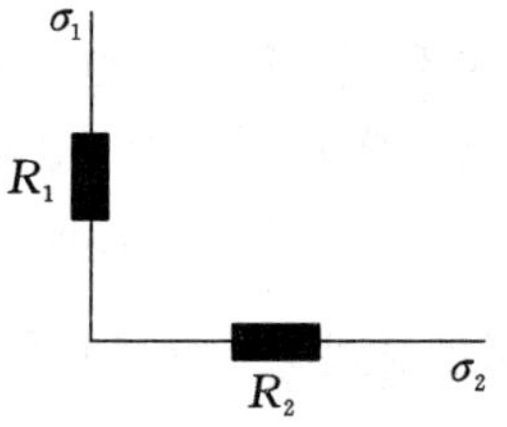

图3.9 主应力方向已知的平面应力状态

（1）45°应变花。如图3.10所示，沿三片电阻片的轴线测出三个方向的应变 ε_{0°、ε_{45°、ε_{90° 之后，即可按下列公式计算主应变值及其方向。

$$\varepsilon_{1,3}=\frac{\varepsilon_{0^\circ}+\varepsilon_{90^\circ}}{2}\pm\frac{\sqrt{2}}{2}\sqrt{(\varepsilon_{0^\circ}-\varepsilon_{45^\circ})^2+(\varepsilon_{45^\circ}-\varepsilon_{90^\circ})^2} \tag{3.30}$$

$$\theta=\frac{1}{2}\arctan\frac{2\varepsilon_{45^\circ}-\varepsilon_{0^\circ}-\varepsilon_{90^\circ}}{\varepsilon_{0^\circ}-\varepsilon_{90^\circ}} \tag{3.31}$$

主应力值为

$$\sigma_{1,3}=\frac{E}{2}\left[\frac{\varepsilon_{0^\circ}+\varepsilon_{90^\circ}}{1-\mu}\pm\frac{\sqrt{2}}{1+\mu}\sqrt{(\varepsilon_{0^\circ}-\varepsilon_{45^\circ})^2+(\varepsilon_{45^\circ}-\varepsilon_{90^\circ})^2}\right] \tag{3.32}$$

最大切应力为

$$\tau_{\max}=\frac{\sqrt{2}E}{2(1+\mu)}\sqrt{(\varepsilon_{0^\circ}-\varepsilon_{45^\circ})^2+(\varepsilon_{45^\circ}-\varepsilon_{90^\circ})^2} \tag{3.33}$$

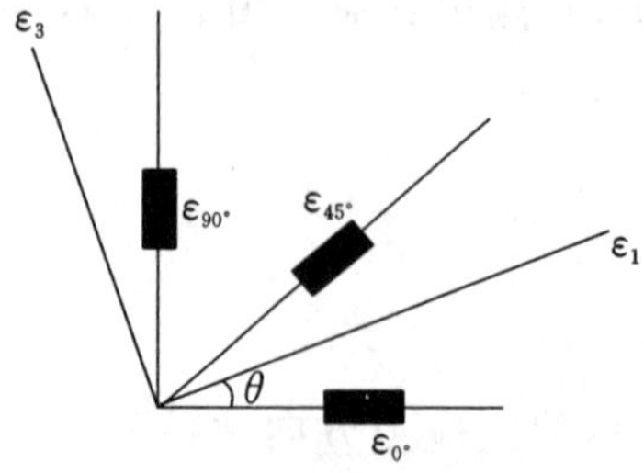

图3.10 45°应变花

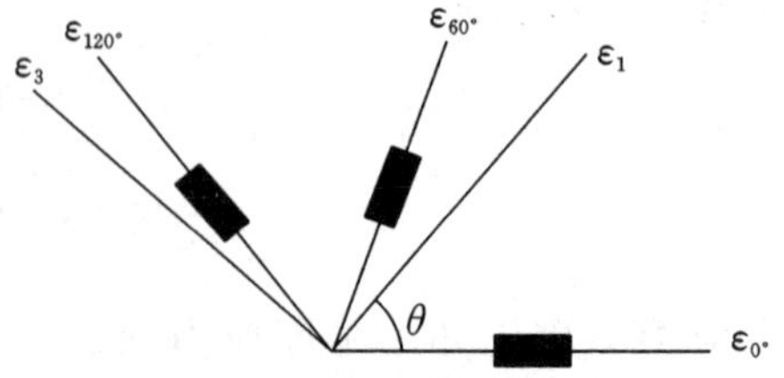

图3.11 60°应变花

(2) 60°应变花。如图 3.11 所示,计算公式如下:

$$\varepsilon_{1,3}=\frac{1}{3}(\varepsilon_{0^\circ}+\varepsilon_{60^\circ}+\varepsilon_{120^\circ})\pm\frac{\sqrt{2}}{3}\sqrt{(\varepsilon_{0^\circ}-\varepsilon_{60^\circ})^2+(\varepsilon_{60^\circ}-\varepsilon_{120^\circ})^2+(\varepsilon_{120^\circ}-\varepsilon_{0^\circ})^2} \quad (3.34)$$

$$\sigma_{1,3}=\frac{E}{3}\left[\frac{\varepsilon_{0^\circ}+\varepsilon_{60^\circ}+\varepsilon_{120^\circ}}{1-\mu}\pm\frac{\sqrt{2}}{1+\mu}\sqrt{(\varepsilon_{0^\circ}-\varepsilon_{60^\circ})^2+(\varepsilon_{60^\circ}-\varepsilon_{120^\circ})^2+(\varepsilon_{120^\circ}-\varepsilon_{0^\circ})^2}\right] \quad (3.35)$$

$$\theta=\frac{1}{2}\arctan\frac{\sqrt{3}(\varepsilon_{60^\circ}-\varepsilon_{120^\circ})}{2\varepsilon_{0^\circ}-\varepsilon_{60^\circ}-\varepsilon_{120^\circ}} \quad (3.36)$$

3.2.5 常用布片方案及电桥接法

常用布片方案及电桥接法见表 3.1

表 3.1 常用布片方案及电桥接法

荷载形式	需测应变	应变片的粘贴位置	电桥接法	应变读数 ε_r 与需测应变 ε 的关系
弯曲	弯曲	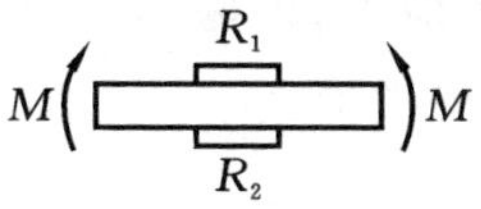	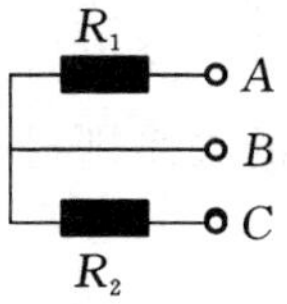	$\varepsilon=\frac{\varepsilon_r}{2}$
扭转	扭转	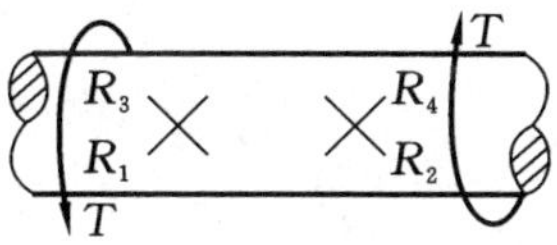	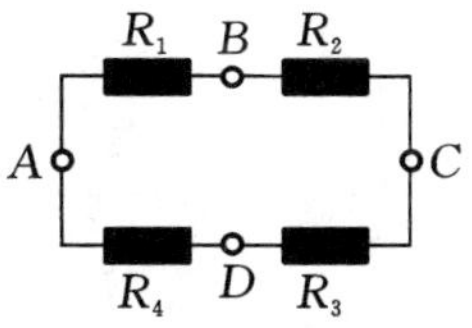	$\varepsilon=\frac{\varepsilon_r}{4}$
拉(压) 弯曲组合	拉(压) 弯曲组合	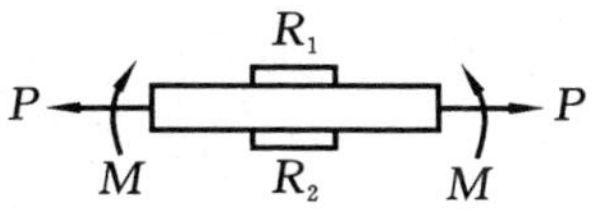	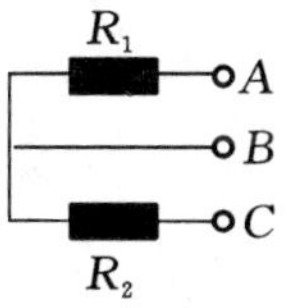	$\varepsilon=\frac{\varepsilon_r}{2}$
拉(扭) 弯曲组合	拉(扭) 弯曲组合	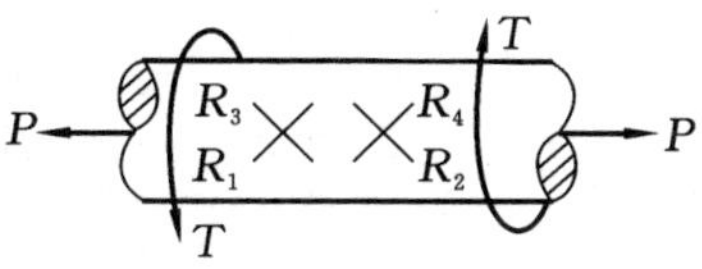	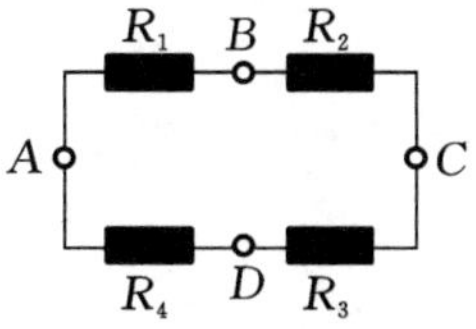	$\varepsilon=\frac{\varepsilon_r}{4}$

续表3.1

荷载形式	需测应变	应变片的粘贴位置	电桥接法	应变读数 ε_r 与需测应变 ε 的关系
弯曲扭转组合	弯曲扭转组合	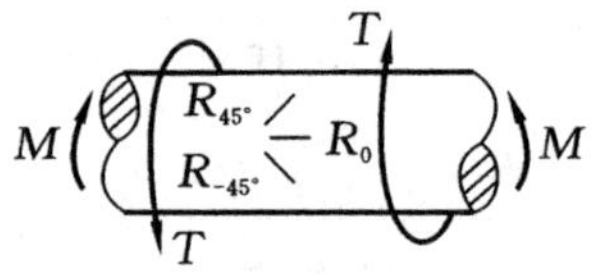	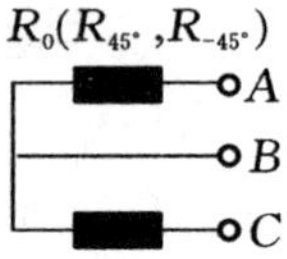	$\varepsilon=\varepsilon_r$
拉(压)	拉(压)	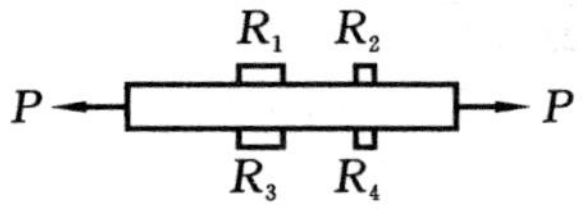	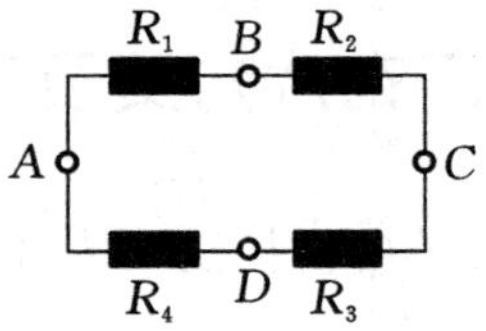	$\varepsilon=\dfrac{(1+\mu)\varepsilon_r}{2}$

3.2.6 内力测量方法

电阻片所感受的应变测出后,可以计算出应力,根据轴向力 F_N,弯矩 M_y、M_z 以及扭矩 T 与主应力及切应力的关系即可求出相应的内力值。

4 材料力学基本实验

材料力学实验教学应包括材料在拉伸和压缩时的力学性能测试实验，材料弹性模量测定实验，纯弯曲梁正应力测定实验，组合变形主应力测定实验等基本实验内容。本章在介绍材料力学基本实验内容的基础上，还就与实验相关的知识提出讨论题，可安排学生分组讨论，进而使学生对实验有更全面深刻的了解。

承受轴向拉伸和压缩是工程构件最常见的受力方式之一，材料在拉伸和压缩时的力学性能也是材料最重要的力学性能之一。材料的力学性能是指材料在外力作用下表现出的强度、变形等方面的各种特性，包括弹性模量 E、泊松比 μ 以及极限应力等，它们要由实验来测定。常温、静载下金属材料的单向拉伸和压缩实验是测定材料力学性能最基本、应用最广泛、最成熟的试验方法。通过拉伸实验所测定的材料的弹性指标 E、μ，强度指标 σ_s、σ_b，塑性指标 δ、ψ，是工程中评价材质和进行强度、刚度计算的重要依据。本章 4.1 节和 4.2 节分别以典型的塑性材料——低碳钢和典型的脆性材料——铸铁为例介绍实验的详细过程和数据处理方法。

4.1 低碳钢的拉伸实验

由低碳钢拉伸实验所测得的结果，可以说明材料在静拉伸下的一些性能，诸如材料对荷载的抵抗能力的变化规律，材料的弹性、塑性、强度等重要机械性能，这些性能是工程上合理地选用材料和进行强度计算的重要依据。

4.1.1 实验目的

1. 观察低碳钢在拉伸过程中的各种现象，了解试件变形随荷载的变化规律。

2. 测试低碳钢在拉伸过程中的几个力学性能指标：屈服极限、强度极限、延伸率和断面收缩率。

3. 了解拉伸实验的原理和方法，掌握万能试验机的操作要领。

4.1.2 实验设备和仪器

1. 材料试验机、游标卡尺、两脚标规等。

2. 电子式万能试验机，如图 4.1 所示。

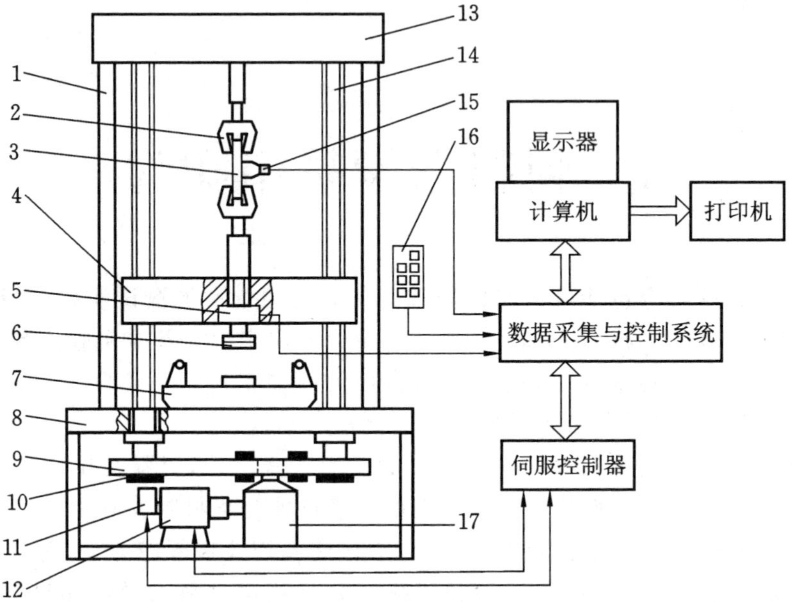

图 4.1 电子式万能试验机

1—立柱；2—拉伸夹具；3—拉伸试件；4—移动横梁；5—测力传感器；6—压缩夹具；
7—弯曲夹具；8—下横梁；9—同步齿形传动带；10—带轮；11—光电编码器；
12—伺服电机；13—上横梁；14—滚珠丝杠；15—引伸计；16—手控键盘；17—减速机

电子万能试验机是双空间式的，其移动横梁与上横梁之间的空间为拉伸实验空间，移动横梁与下横梁之间的空间为压缩实验空间。在拉伸空间安装有拉伸夹具，在压缩空间安装有压缩夹具和弯曲夹具。测力传感器、引伸计、光电编码器、数据采集电路（与控制系统集成在一起）组成测量系统，测力传感器用于测量实验荷载，引伸计用于测量试件的变形，光电编码器用于测量横梁移动的位移。各个测量信号均经过数据采集电路送入计算机存储、处理和显示。伺服电机的输出功率经减速器、同步齿形传动带传递给滚珠丝杠，然后滚珠丝杠带动移动横梁升降将实验荷载施加到试件上。伺服控制器与伺服电机和光电编码器组成闭环控制系统，控制移动横梁的运动。伺服控制器向上经过控制电路与计算机联系，最终由计算机实现对可移动横梁运动的控制，包括对位置、速度等的控制。

由于电子万能试验机采用了闭环控制，加载过程和数据采集都是在计算机的控制下完成的，因此可以选择不同的参数控制方式进行实验。参数控制方式是指以应力（或荷载）、位移、应变等诸实验参数中的某一个作为加载控制因素。例如，位移控制就是设定横梁的运动速度（通常是恒定速率），让试验机按照设定的横梁速度和方向对试件进行加载。

4.1.3 拉伸试件

实验证明，试件尺寸和形状对实验结果有影响。为了使实验数据可以相互比较，应按国标《金属材料 拉伸试验 第 1 部分：室温试验方法》（GB/T 228.1—2021）的规定做成标准试件（表 4.1），如因材料尺寸限制等不能做成标准试件，应按规定做成比例试件。低碳钢拉伸试件如图 4.2 所示。其中 L_0 为标距，d_0 为试验前圆截面试件标距部分的直径，A_0 为试验前试件标距部分的截面面积。

表 4.1 试件类型

试件类型	圆截面	矩形截面
长试件	$L_0=10d_0$	$L_0=11.3\sqrt{A_0}$
短试件	$L_0=5d_0$	$L_0=5.65\sqrt{A_0}$

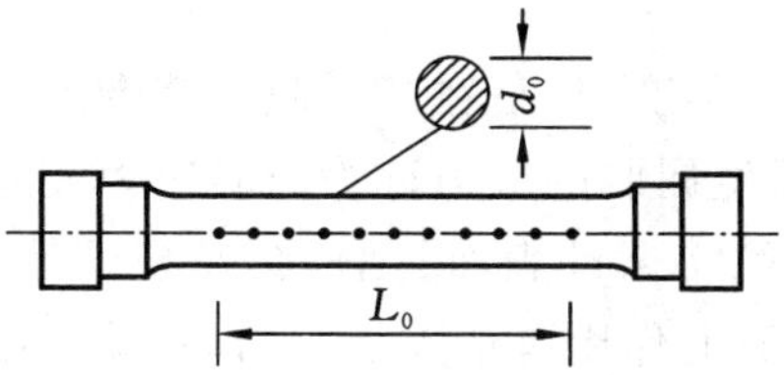

图 4.2 低碳钢拉伸试件

4.1.4 实验原理

1. 低碳钢拉伸时的力学性质

试验机的自动绘图装置将试验过程中的荷载 F 和对应的伸长量 ΔL 绘成 $F\text{-}\Delta L$ 曲线图，称为拉伸图或 $F\text{-}\Delta L$ 曲线，如图 4.3 所示。

试件的拉伸图与试件的原始几何尺寸有关，为了消除试件原始几何尺寸的影响，获得反映材料性能的曲线，常把拉力 F 除以试件横截面的原始面积 A，得到正应力 $\sigma=F/A$，作为纵坐标；把伸长量 ΔL 除以标距的原始长度 L_0，得到应变 $\varepsilon=\Delta L/L_0$，作为横坐标。作图得到材料拉伸时的应力-应变曲线或称 $\sigma\text{-}\varepsilon$ 曲线，如图 4.4 所示。

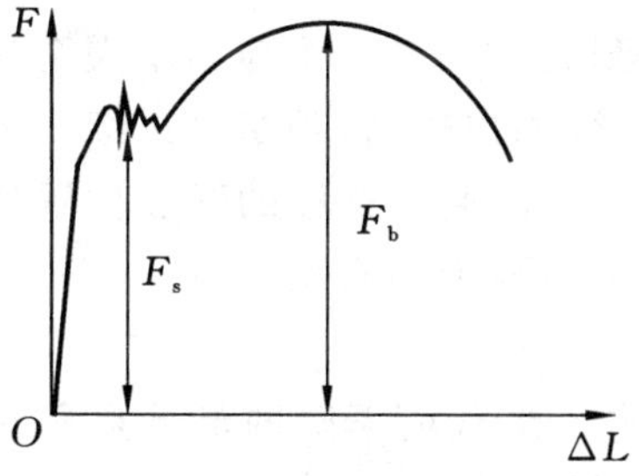

图 4.3 荷载-变形曲线

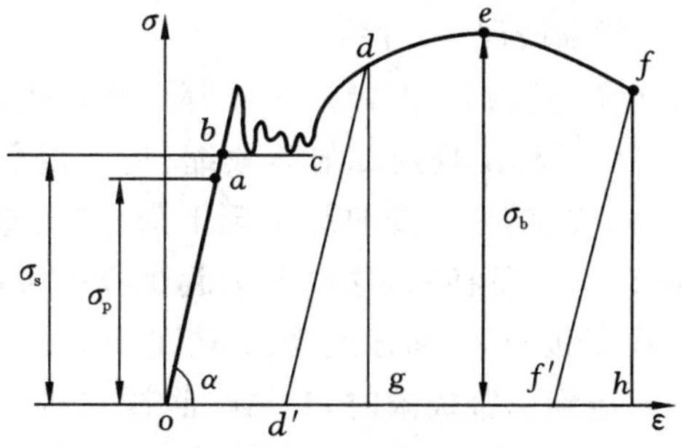

图 4.4 应力-应变曲线

在拉伸实验前，测定低碳钢试件的直径 d_0 和标距 L_0。实验时，首先将试件安装在试验机的上、下夹头内。然后开动试验机，缓慢加载，与试验机相连的微机会自动绘制出荷载-变形曲线（$F\text{-}\Delta L$ 曲线，如图 4.3 所示）或应力-应变曲线（$\sigma\text{-}\varepsilon$ 曲线，如图 4.4 所示），随着荷载的逐渐增大，材料呈现出不同的力学性能。

(1) 弹性阶段(ob 段)

在拉伸的初始阶段,σ-ε 曲线(oa 段)为一直线,说明应力与应变成正比,即满足胡克定理,此阶段称为线性阶段。线性段的最高点称为材料的比例极限(σ_p),线性段的直线斜率即为材料的弹性模量 E。

线性阶段后,σ-ε 曲线不为直线(ab 段),应力应变不再成正比,但若在整个弹性阶段卸载,应力-应变曲线会沿原曲线返回,荷载卸到零时,变形也完全消失。卸载后变形能完全消失的应力最大点称为材料的弹性极限(σ_ε 曲线),一般对于钢等许多材料,其弹性极限与比例极限非常接近。

(2) 屈服阶段(bc 段)

超过弹性阶段后,应力几乎不变,只是在某一微小范围内上下波动,而应变却急剧增长,这种现象称为屈服。使材料发生屈服的应力称为屈服应力或屈服极限(σ_s)。

当材料屈服时,如果用砂纸将试件表面打磨,会发现试件表面呈现出与轴线成 45°的斜纹。这是由于试件的 45°斜截面上作用有最大切应力,这些斜纹是由材料沿最大切应力作用面产生滑移所造成的,故称为滑移线。

(3) 强化阶段(ce 段)

经过屈服阶段后,应力-应变曲线呈现曲线上升趋势,这说明材料的抗变形能力又增强了,这种现象称为应变硬化。

若在此阶段卸载,则卸载过程的应力-应变曲线为一条斜线(如 dd'斜线),其斜率与比例阶段的直线段斜率大致相等。当荷载卸载到零时,变形并未完全消失,应力减小至零时残留的应变称为塑性应变或残余应变,相应地,应力减小至零时消失的应变称为弹性应变。卸载完之后,立即再加载,则加载时的应力-应变关系基本上沿卸载时的直线变化。因此,如果将卸载后已有塑性变形的试样重新进行拉伸实验,其比例极限或弹性极限将得到提高,这一现象称为冷作硬化。

在强化阶段应力-应变曲线存在一最高点,该最高点对应的应力称为材料的强度极限(σ_b),强度极限所对应的荷载为试件所能承受的最大荷载 F_b。

(4) 颈缩阶段(ef 段)

试样拉伸达到强度极限 σ_b 之前,在标距范围内的变形是均匀的。当应力增大至强度极限 σ_b 之后,试样出现局部显著收缩,这一现象称为颈缩。颈缩出现后,使试件继续变形所需荷载减小,故应力-应变曲线呈现下降趋势,直至最后在 f 点断裂。试样的断裂位置处于颈缩处,断口形状呈杯状,这说明引起试样破坏的原因不仅有拉应力还有切应力。

2. 屈服极限 σ_s 和强度极限 σ_b 的测定

加载达到屈服极限时,F-ΔL 曲线呈锯齿形。一般将首次载荷下降的最低点称为初始瞬时效应,不作为强度指标取值,把初始瞬时效应后的最低载荷 p_s 对应的应力作为屈服极限 σ_s。试样拉断后,可由操作界面的峰值窗口直接读出 p_b,或在曲线的最高处由纵坐标读出 p_b,然后根据公式得到强度极限。

3. 延伸率 δ 和断面收缩率 ψ 的测定

试样的标距原长为 L_0,拉断试样后将两段试样紧密地对接在一起,量出拉断后的标距长为 L_1,然后根据公式计算延伸率。断口附近塑性变形最大,所以 L_1 的量取与断口的位置有关。如果断口发生于 L_0 的两端处或在 L_0 之外，则应重做试验。

试样拉断后，设颈缩部位的最小横截面面积为 A_1，然后根据公式计算断面收缩率。由于断口不是规则的圆形，应在两个互相垂直的方向量取最小截面的直径，以其平均值计算 A_1。

4.1.5 实验步骤

1. 准备试件，测量试件的直径 d_0，并量出试件的标记距离 L_0。试件直径测量方法为在试件中间和两端相互垂直的方向各量两次直径，取六次测量平均值来计算截面面积，标距长度取 10 倍直径大小。

2. 依次打开计算机、电子万能试验机；双击计算机桌面上的图标，进入软件操作系统；在界面输入实验相关参数。

3. 装夹拉伸试件。通过试验机的“上升”“下降”按钮把横梁调整到方便装试件的位置，再把上钳口松开，夹紧试件的上端，然后使横梁下降，当试件能够夹在下钳口时，停止下降。

4. 在软件操作界面上把荷载、峰值、变形、位移清零，夹紧下钳口，注意避免试件放斜或歪曲。

5. 点击“开始”按钮，开始实验。在实验过程中，注意观察计算机绘制曲线以及屈服、强化、卸载规律，颈缩、断裂等现象。

6. 试样拉断后，立即按“停止”按钮，保存并下载实验数据。取下试样，先将两段试件沿断口整齐地对拢，量取并记录拉断后两标距点之间的长度 L_1，及断口处最小的直径 d_1（测量 2 次），并计算断后面积 A_1。

7. 关机，实验结束，整理实验现场。

4.1.6 实验数据处理

通过实验，计算低碳钢的两个强度指标和两个塑性指标。

1. 由实验测得衡量材料抵抗破坏能力的强度指标如下（注意单位换算，强度单位 N/mm^2，即 MPa）：

（1）屈服强度

$$\sigma_s = \frac{p_s}{A_0} \tag{4.1}$$

p_s 为曲线屈服点的最小值。

（2）抗拉强度

$$\sigma_b = \frac{p_b}{A_0} \tag{4.2}$$

p_b 为曲线最大值。

2. 由实验测得衡量材料抵抗变形能力的塑性指标如下：

（1）伸长率

$$\delta=\frac{L_1-L_0}{L_0}\times100\% \tag{4.3}$$

（2）断面收缩率

$$\psi=\frac{A_0-A_1}{A_0}\times100\% \tag{4.4}$$

4.1.7 讨论题

1. 低碳钢在拉伸过程中表现为几个阶段？各有何特点？
2. 低碳钢试样在最大荷载 e 点不断裂，在荷载下降至 f 点时反而断裂，为什么？

4.2 铸铁的拉伸实验

4.2.1 实验目的

1. 测定铸铁拉伸强度极限 σ_b。
2. 比较低碳钢与铸铁的拉伸机械性能和破坏形式。

4.2.2 实验设备及量具

1. 万能试验机。
2. 游标卡尺。

4.2.3 实验原理

铸铁拉伸图如图 4.5 所示，在拉伸过程中不产生屈服和颈缩现象，很快达到最大荷载 F_b 而突然断裂，其值远小于低碳钢的强度极限。整个拉伸过程中变形极小，伸长量不到试件原长的 0.5%，而延伸率则更小。铸铁的伸长率 δ 通常只有 0.5%～0.6%，是典型的脆性材料，强度指标 σ_b 是衡量铸铁强度的唯一指标。

图 4.6 所示为铸铁拉伸时的 σ-ε 关系，由图可见，应力-应变之间无明显的直线部分，但应力较小时接近于直线，可近似认为服从胡克定律。工程上有时以曲线的某一割线（图 4.6 中的虚线）的斜率作为弹性模量。

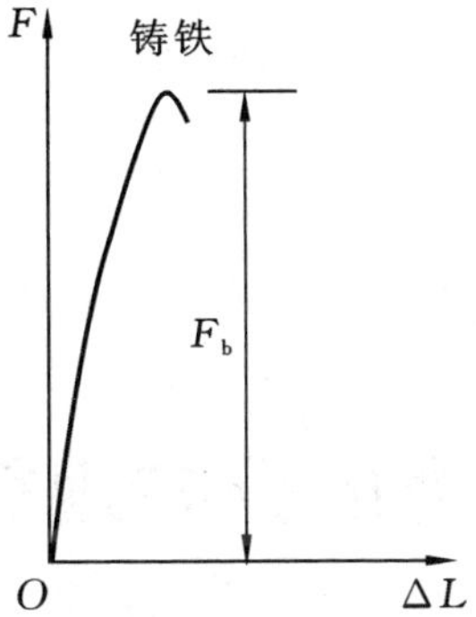

图 4.5 铸铁拉伸时荷载-变形曲线

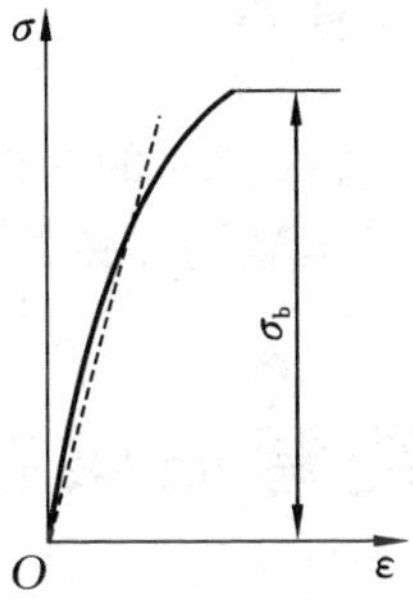

图 4.6 铸铁拉伸时应力-应变曲线

4.2.4 实验步骤

1. 准备试件，测量试件的直径 d_0，并量出试件的标记距离 L_0。试件直径测量方法为在试件中间和两端相互垂直的方向各量两次直径，取六次测量平均值来计算截面面积，标距长度取 10 倍直径大小。

2. 依次打开计算机、电子万能试验机；双击计算机桌面上的图标，进入软件操作系统；在界面输入实验相关参数。

3. 装夹拉伸试件。通过试验机的“上升”“下降”按钮把横梁调整到方便装试件的位置，再把上钳口松开，夹紧试件的上端，然后使横梁下降，当试件能够夹在下钳口时，停止下降。

4. 在软件操作界面上把荷载、峰值、变形、位移清零，夹紧下钳口，注意避免试件放斜或歪曲。

5. 点击“开始”按钮，开始实验。在实验过程中，注意观察计算机绘制曲线以及屈服、强化、卸载规律，颈缩、断裂等现象。

6. 试样拉断后，立即按“停止”按钮，保存并下载实验数据。取下试样，先将两段试件沿断口整齐地对拢，量取并记录拉断后两标距点之间的长度 L_1，及断口处最小的直径 d_1（测量 2 次），并计算断后面积 A_1。

7. 关机，实验结束，整理实验现场。

4.2.5 实验数据处理

铸铁的抗拉强度

$$\sigma_b=\frac{p_b}{A_0} \tag{4.5}$$

p_b 为曲线最大力值。

4.2.6 讨论题

1. 对铸铁试件拉伸时的断口形状进行描述，并分析破坏原因。
2. 观察、比较低碳钢和铸铁两种材料的拉伸破坏现象。

4.3 纯弯曲梁横截面上正应力的分布规律实验

4.3.1 实验目的

1. 测定梁在纯弯曲时横截面上正应力大小和分布规律。
2. 验证纯弯曲梁的正应力计算公式。

4.3.2 实验仪器设备和工具

1. 组合实验台中纯弯曲梁实验装置。
2. XL2118 系列力 & 应变综合参数测试仪。
3. 游标卡尺、钢板尺。

4.3.3 实验原理及方法

1. 纯弯曲

在一般情况下，梁的横截面上同时存在着剪力和弯矩。剪力的存在，说明梁不仅有弯曲变形，而且有剪切变形。这种平面弯曲称为剪切弯曲。如果各横截面上只有弯矩而无剪力，则称为纯弯曲。如图 4.7 所示横梁，CD 段各横截面的弯矩 $M=Fa$，为常量，而剪力 $F_s=0$，所以梁的 CD 段产生纯弯曲变形，而 AC、DB 段则产生剪切弯曲。

由以上所述可知，在 CD 段内，梁的各个横截面上剪力等于零，而弯矩为常量，因而横截面上就只有正应力而无切应力。纯弯曲时，正应力在横截面上线性分布，是弯曲中最简单的应力情况。用电测法测定纯弯曲梁上的正应力，不仅可以验证材料力学理论，也可以熟悉电测法测量的原理、操作方法和注意的问题，为复杂的实验应力分析打下基础。

2. 平面假设和单向受力假设

如图 4.8(a)所示，取一矩形截面梁，在表面画上 ab 等一组纵向直线和 cd 等一组横向直线。在梁的两端施加一对大小相等、方向相反的力偶矩 M，使梁处于纯弯曲状态，如图 4.8(b)所示。从实验中观察到如下现象：

(1) 梁表面 cd 等一组横向直线变形后仍为直线，并与已变成弧线的 ab 等一组纵向直线正交，只是相对地转了一个角度。

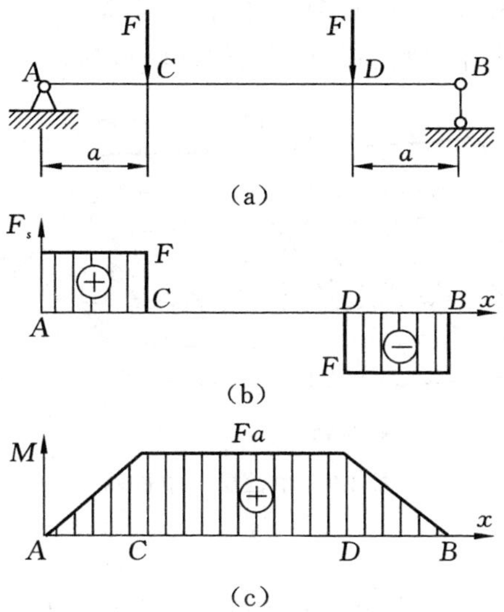

图 4.7　横梁

(2) 纵向线变成圆弧线，位于中间位置的纵向线长度不变，上部的纵向线缩短，下部的纵向线伸长。

(3) 变形后横截面的高度不变，而宽度在纵向线伸长区减小，在纵向线缩短区增大，如图 4.8(b)所示。

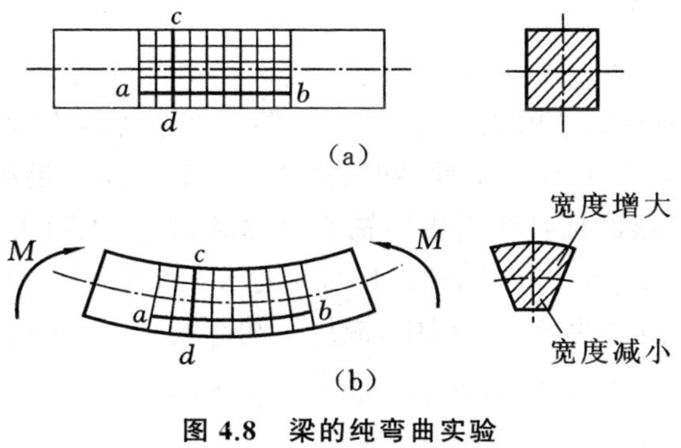

图 4.8　梁的纯弯曲实验

从上述观察到的现象，可做如下假设：

(1) 平面假设：当梁的变形不大时，梁变形前的横截面，变形后仍保持为平面，并仍然垂直于变形后梁的轴线，只是绕横截面内的某一轴线旋转了一个角度，即横截面发生了“刚性”转动。

(2) 单向受力假设：梁的纵向“纤维”的变形只是简单的拉伸和压缩，各“纤维”之间无挤压作用。

上述假设已经被众多的实验和理论分析所证实。

根据平面假设，梁弯曲时上面部分纵向“纤维”缩短，下面部分纵向“纤维”伸长，由变形连续性假设可知，从缩短区到伸长区，其间必存在一层既不缩短也不伸长的过渡层，将这层长度不变的“纤维”层称为中性层(图 4.9)。中性层与横截面的交线称为中性轴。平面弯曲时，梁的变形对称于纵向对称面，故中性轴必然垂直于截面的纵向对称轴（即图 4.9 中标注的横截面对称轴）。弯曲变形中，梁的横截面绕中性轴旋转。

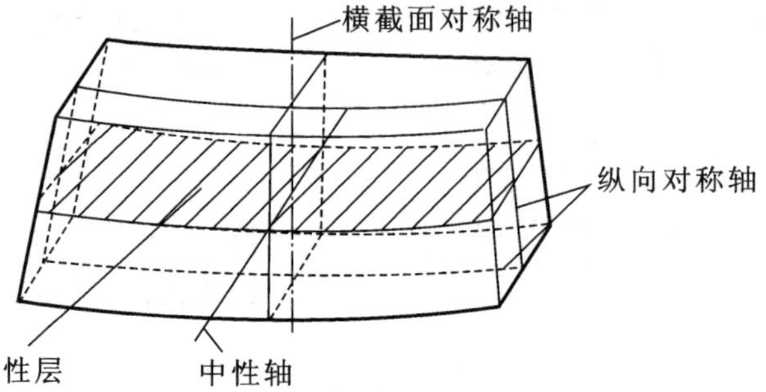

图 4.9　中性层和中性轴

3. 弯曲时的正应力

在纯弯曲条件下，根据平面假设和纵向纤维间无挤压的假设，可得到梁横截面上任一点的正应力理论值，计算公式为：

$$\sigma=\frac{M\cdot y}{I_z} \tag{4.6}$$

式中　M——弯矩；

I_z——横截面对中性轴的惯性矩；

y——所求应力点至中性轴的距离。

该式表示了横截面上任一点的正应力分布规律。由此式可知，正应力 σ 与该点到中性轴的距离 y 成正比，在中性轴上的正应力 σ 为零，距中性轴等距离的同一横线上各点处的正应力相等。当梁横截面形状对称于中性轴时，横截面上的正应力沿截面高度按直线变化，规律如图 4.10 所示。但当梁的横截面对中性轴不对称时，如图 4.11 中的 T 形截面，其最大拉应力 σ_{max}^{+} 和最大压应力 σ_{max}^{-} 并不相等，这时应分别把 y_1 和 y_2 代入式(4.6)，计算最大拉应力和最大压应力。在上述公式的推导过程中，应用了胡克定律，故在使用时其应力值不能超过材料的比例极限。

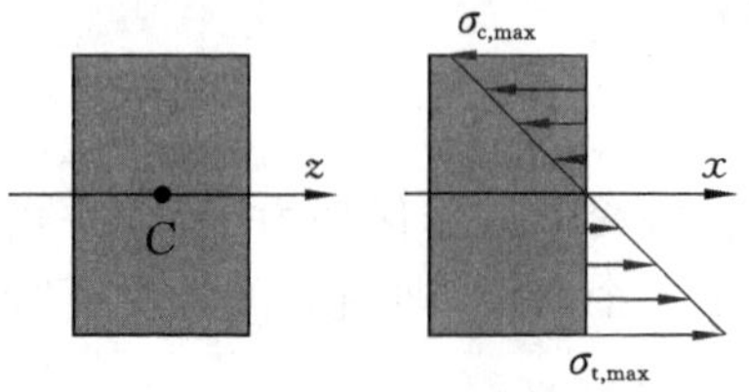

图 4.10　正应力沿截面高度分布规律

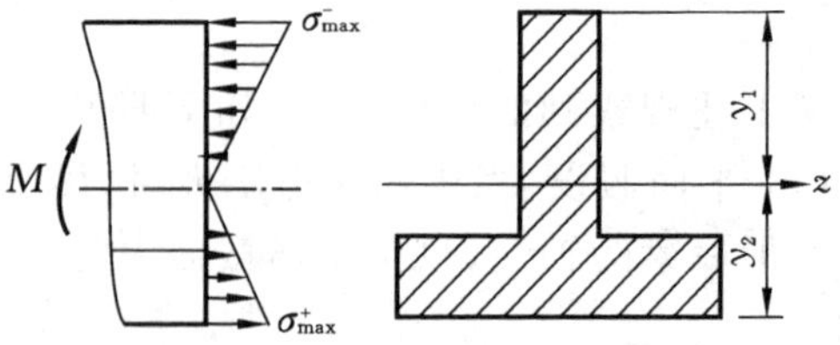

图 4.11　T 形截面应力计算

为了测量梁在纯弯曲时横截面上正应力的分布规律，在梁的纯弯曲段沿梁侧面不同高度，平行于轴线贴有应变片（图 4.12），共 5 片应变片，其中第 3 片在中性层上。梁受到 P 作用后，产生弯曲变形。通过电阻应变仪测出荷载作用下 5 个点处的应变，由于是单向拉压变形，由胡克定律 $\sigma=E\varepsilon$ 即可算出各点的应力值。

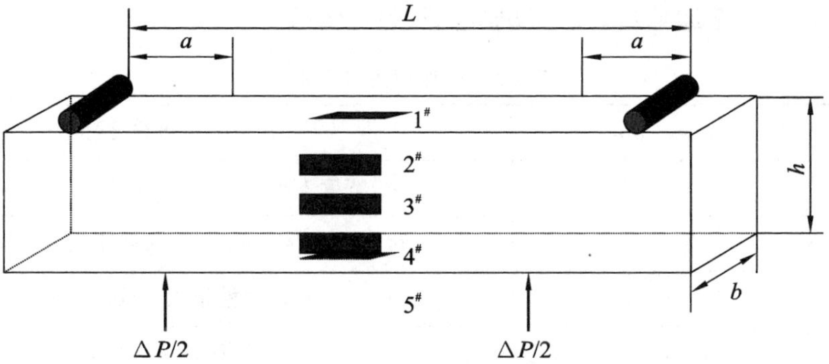

图 4.12 应变片在梁中的位置

实验可采用半桥单臂、公共补偿、多点测量方法。加载采用增量法，即每增加等量的荷载 ΔP，测出各点的应变增量 $\Delta\varepsilon$，然后分别取各点应变增量的平均值 $\Delta\varepsilon_{实i}$，依次求出各点的应变增量：

$$\sigma_{实i}=E\cdot\Delta\varepsilon_{实i} \tag{4.7}$$

将实测应力值与理论应力值进行比较，以验证弯曲正应力公式。

4.3.4 实验步骤

1. 测量矩形截面梁的宽度 b 和高度 h、荷载作用点到梁支点距离 a 及各应变片到中性层的距离 y_i，见表 4.2。

2. 拟订加载方案。先选取适当的初荷载 P_0（一般取 $P_0=10\%P_{max}$左右），估算 P_{max}（该实验荷载范围 $P_{max}\leqslant 4000$ N），分 4～6 级加载。

3. 根据加载方案，调整好实验加载装置。

4. 按实验要求接好线，调整好仪器，检查整个测试系统是否处于正常工作状态。

5. 加载：均匀缓慢加载至初荷载 P_0，记下各点应变的初始读数；然后分级等增量加荷载，每增加一级荷载，依次记录各点电阻应变片的应变值 ε_i，直到最终荷载。实验至少重复两次，见表 4.3。

6. 做完实验后，卸掉荷载，关闭电源，整理好所用仪器设备，清理实验现场，将所用仪器设备复原，实验资料交指导教师检查签字。

注意事项：

(1) 测试仪未开机前，一定不要进行加载，以免在实验中损坏试件。

(2) 实验前一定要设计好实验方案，准确测量实验计算用数据。

(3) 加载过程中一定要缓慢加载，不可快速进行加载，以免超过预定加载荷载值，造成测试数据不准确，同时注意不要超过实验方案中预定的最大荷载，以免损坏试件；该实验最大荷载 4000 N。

(4) 实验结束，一定要先将荷载卸掉，必要时可将加载附件一起卸掉，以免误操作损坏试件。

(5) 确认荷载完全卸掉后，关闭仪器电源，整理实验台面。

表 4.2 试件相关参考数据

应变片至中性层距离/mm		梁的尺寸和有关参数
1 点 y_1	−20	宽度 $b=20$ mm　　高度 $h=40$ mm
2 点 y_2	−10	跨度 $L=440$ mm　　荷载距离 $a=120$ mm
3 点 y_3	0	弹性模量 $E=206$ GPa
4 点 y_4	10	泊松比 $\mu=0.26$
5 点 y_5	20	惯性矩 $I_z=bh^3/12=1.067\times10^{-7}\ \mathrm{m}^4$

表 4.3 实验数据记录与计算

荷载/N		应变/$\mu\varepsilon$									
		1 点		2 点		3 点		4 点		5 点	
读数	增量	读数	增量	读数	增量	读数	增量	读数	增量	读数	增量
0		0		0		0		0		0	
	1000										
1000											
	1000										
2000											
	1000										
3000											
	1000										
4000											
$\overline{\Delta\varepsilon}$											
$\sigma_{实}$/MPa											
$\sigma_{理}$/MPa											

4.3.5 数据处理

(1) 记录和处理实验数据(表 4.3)。

(2) 对每个测点求应变增量的平均值$\overline{\Delta\varepsilon}$。

(3) 用式 $\Delta M=\frac{1}{2}\Delta P\cdot a$ 求弯曲段内的弯矩增量。

(4) 计算实验值：$\sigma_{实}=E\cdot\overline{\Delta\varepsilon}$。

计算理论值 $\sigma_{理}=\frac{\Delta M}{I_z}y$，其中 $I_z=\frac{bh^3}{12}$。

4.3.6 讨论题

1. 实验时未考虑梁的自重，是否会引起测量结果误差？为什么？

2. 实测和理论计算弯曲正应力分布规律如何？是否相同？

4.4 薄壁圆管在弯扭组合作用下主应力实验

4.4.1 实验目的

1. 用电测法测定平面应力状态下主应力的大小及方向，并与理论值进行比较。
2. 测定空心圆管在弯扭组合变形作用下的弯曲正应力和扭转剪应力。
3. 进一步掌握电测法。

4.4.2 实验仪器设备和工具

1. 组合实验台中纯扭转实验装置。
2. 力 & 应变综合参数测试仪。
3. 游标卡尺、钢板尺。

4.4.3 实验原理和方法

1. 弯扭组合变形

复杂受力情况下的应力、应变分析是实验应力分析主要解决的问题。在工程实际中，构件的受力条件和工作状态是非常复杂的，为了保证所设计的结构物和零部件的可靠性，在进行理论设计的基础上，经常需要对重要部件进行实验验证。实验应力分析是最常用的实验手段之一。在结构物和零部件使用一段时间后，可借助试验应力分析方法确定其工作的可靠性和工作状态。本节以弯扭组合变形为具体模型进行介绍。

机械设备中的传动轴、曲拐等，有时既承受弯矩又承受扭矩，因此弯曲变形和扭转变形同时存在，即产生弯曲与扭转的组合变形。如图 4.13 所示曲拐，A 端固定，在曲拐的自由端 O 作用有铅垂向下的集中力 F。下面以此曲拐的 AB 杆为例，说明杆受弯曲与扭转这种组合变形时的强度计算方法和步骤。

将 O 端的集中荷载 F 向 AB 杆的截面 B 的形心平移，得到一个作用在 B 端与轴线垂直的力 $F'(F'=F)$ 和一个作用面垂直于轴线的力偶 $M_B(M_B=Fa)$。由图 4.13(b)可知，力 F' 使轴 AB 产生弯曲变形，力偶 M_B 使轴 AB 产生扭转变形，轴的这种变形称为弯扭组合变形。

单独考虑力 F' 的作用，画出弯矩图 4.13(c)；单独考虑力偶 M_B 的作用，画出扭矩图 4.13(d)。其危险截面 A 弯矩值和扭矩值分别为

$$M_{max}=Fl,M_T=M_B=Fa \tag{4.8}$$

危险截面上的弯曲正应力和扭转切应力分布情况见图 4.13(e)。由于 k、k' 两点是危险截

面边缘上的点，弯曲正应力和扭转切应力绝对值最大，故为危险点，其正应力和切应力分别为

$$\sigma=\frac{M_{\max}}{W_z} \tag{4.9}$$

$$\tau=\frac{M_T}{W_p} \tag{4.10}$$

因危险点是二向应力状态[图 4.13(f)]，所以需用强度理论求出相当应力，建立强度条件。为此可将 $\sigma_x=\sigma,\sigma_y=0,\tau_x=\tau$ 代人主应力公式，得主应力为

$$\left.\begin{aligned}&\begin{matrix}\sigma_1\\\sigma_3\end{matrix}=\frac{\sigma}{2}\pm\sqrt{\left(\frac{\sigma}{2}\right)^2+\tau^2}\\&\sigma_2=0\end{aligned}\right\} \tag{4.11}$$

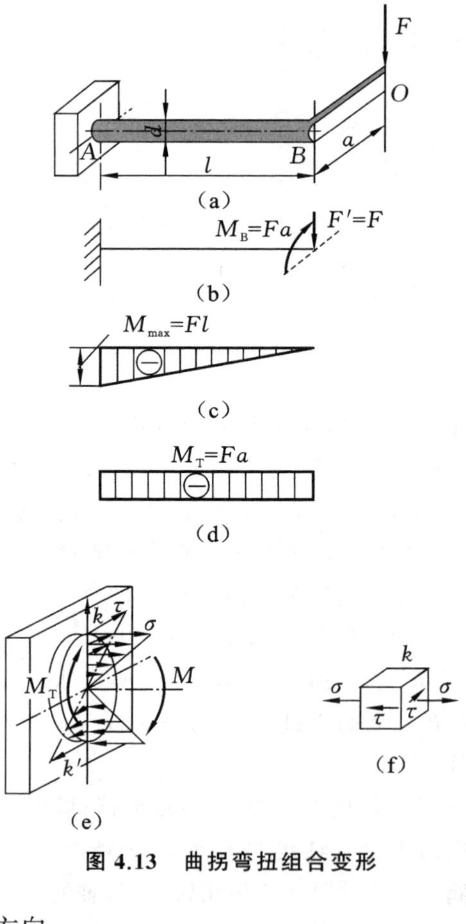

图 4.13　曲拐弯扭组合变形

2. 测定主应力大小和方向

由于空心圆管受弯扭组合作用，圆筒发生组合变形，圆筒的 $m—m'$ 截面处应变片位置及平面应力状态见图 4.14。在 B 点单元体上作用有由弯矩引起的正应力σ_x，由扭矩引起的剪应力 τ_n，主应力是一对拉应力 σ_1 和一对压应力σ_3，单元体上的正应力σ_x 和剪应力τ_n 可按下式计算：

$$\sigma_x=\frac{M}{W_z}\ ,\tau_n=\frac{M_n}{W_T} \tag{4.12}$$

式中 M——弯矩，$M=P\cdot L$；

M_n——扭矩，$M_n=P\cdot a$；

W_z——抗弯截面模量，对空心圆筒：$W_z=\frac{\pi D^3}{32}\left[1-\left(\frac{d}{D}\right)^4\right]$；

W_T——抗扭截面模量，对空心圆筒：$W_T=\frac{\pi D^3}{16}\left[1-\left(\frac{d}{D}\right)^4\right]$。

由二向应力状态分析可得到主应力及其方向：

$$\begin{matrix}\sigma_1\\ \sigma_3\end{matrix}=\frac{\sigma_x}{2}\pm\sqrt{\left(\frac{\sigma_x}{2}\right)^2+\tau_n^2} \tag{4.13}$$

$$\tan(2\alpha_0)=\frac{-2\tau_n}{\sigma_x} \tag{4.14}$$

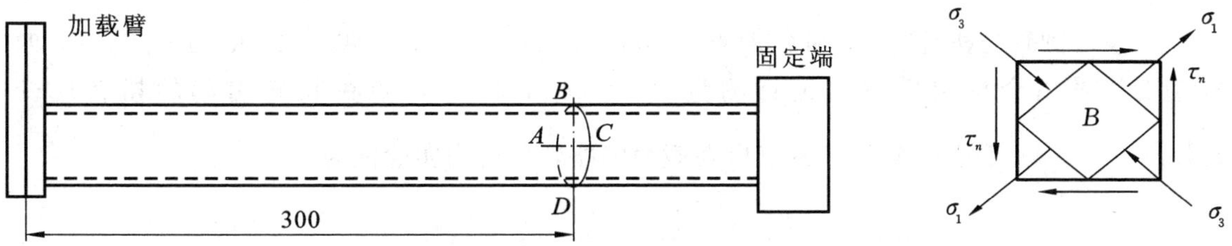

图 4.14 圆筒的 m—m' 截面应变片位置及 B 点应力状态

本实验装置采用45°直角应变花，在 A、B、C、D 点各贴一组应变花(图 4.15)，B 点或 D 点应变花上三个应变片的 α 角分别为$-45°$、$0°$、$45°$，该点主应变和主方向：

$$\begin{matrix}\varepsilon_1\\ \varepsilon_3\end{matrix}=\frac{(\varepsilon_{45°}+\varepsilon_{-45°})}{2}\pm\frac{\sqrt{2}}{2}\sqrt{(\varepsilon_{45°}-\varepsilon_{0°})^2+(\varepsilon_{-45°}-\varepsilon_{0°})^2} \tag{4.15}$$

$$\tan(2\alpha_0)=\frac{2\varepsilon_{0°}-\varepsilon_{-45°}-\varepsilon_{45°}}{\varepsilon_{-45°}-\varepsilon_{45°}} \tag{4.16}$$

主应力和主方向：

$$\begin{matrix}\sigma_1\\ \sigma_3\end{matrix}=\frac{E(\varepsilon_{45°}+\varepsilon_{-45°})}{2(1-\mu)}\pm\frac{\sqrt{2}E}{2(1+\mu)}\sqrt{(\varepsilon_{45°}-\varepsilon_{0°})^2+(\varepsilon_{-45°}-\varepsilon_{0°})^2} \tag{4.17}$$

$$\tan(2\alpha_0)=\frac{2\varepsilon_{0°}-\varepsilon_{-45°}-\varepsilon_{45°}}{\varepsilon_{-45°}-\varepsilon_{45°}} \tag{4.18}$$

3. 弯曲正应力测定

空心圆管虽为弯扭组合变形，但 B 和 D 两点沿 X 方向只有因弯曲引起的拉伸和压缩应变，且两应变等值异号，因此将 D 和 D 两点应变片 R_5 和 R_{11}，采用半桥组桥方式测量，即可得到 B、D 两点所在截面由弯矩引起的轴向应变ε_M($\varepsilon_M=\frac{\varepsilon_d}{2}$)，则该截面的弯曲正应力实验值为：

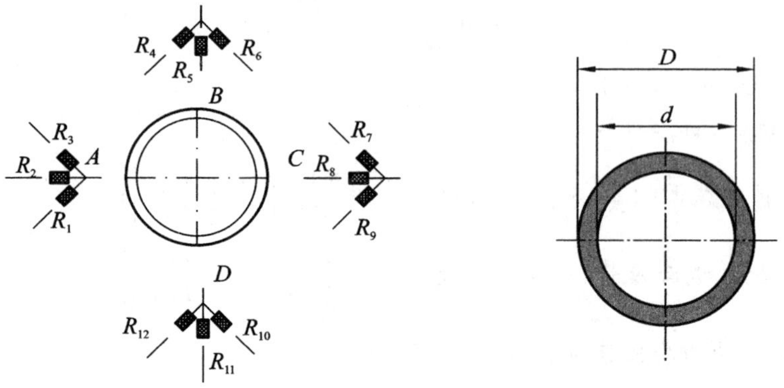

图 4.15　测点应变花布置及空心圆管截面图

$$\sigma_x = E\varepsilon_M = \frac{E\varepsilon_d}{2} \tag{4.19}$$

4. 扭转剪应力

当空心圆管受扭转时，A 和 C 两点45°方向和－45°方向的应变片，即 R_1、R_3、R_7、R_9 四个应变片采用全桥组桥方式进行测量，可得到 A 和 C 两点由扭转引起的扭转应变 $\varepsilon_n\left(\varepsilon_n = \frac{\varepsilon_d}{4}\right)$。则可得到 A 和 C 两点所在截面的扭转剪应力实验值为：

$$\tau_n = \frac{E\varepsilon_n}{(1+\mu)} = \frac{E\varepsilon_d}{4(1+\mu)} \tag{4.20}$$

4.4.4　实验步骤

1. 设计好本实验所需的各类数据表格。

2. 测量试件尺寸、加力臂的长度和测点距力臂的距离，确定试件有关参数，见表 4.4。

3. 将空心圆管上的应变片按不同测试要求接到仪器上，组成不同的测量电桥。调整好仪器，检查整个测试系统是否处于正常工作状态。

① 主应力大小、方向测定：将 B 或 D 点的三个应变片按半桥单臂、公共温度补偿法组成测量线路进行测量。

② 弯曲正应力测定：将 B 和 D 两点的 R_5 和 R_{11} 两只应变片按半桥双臂组成测量线路测量 $\varepsilon_M(\varepsilon_M = \varepsilon_d/2)$。

③ 扭转剪应力测定：将 A 和 C 两点的 R_1、R_3、R_7、R_9 四只应变片按全桥方式组成测量线路测量 $\varepsilon_n(\varepsilon_n = \varepsilon_d/4)$。

4. 拟订加载方案。可先选取适当的初荷载 P_0（一般取 $P_0 = 10\% P_{max}$ 左右），估算 P_{max}（该实验荷载范围 $P_{max} \leqslant 400$ N），分 4～6 级加载。

5. 根据加载方案，调整好实验加载装置。

6. 加载。均匀缓慢加载至初荷载 P_0，记下各点应变的初始读数；然后分级等增量加载，每增加一级载荷，依次记录各点电阻应变片的应变值，直到最终荷载。实验至少重复两次。见表 4.5。

7. 做完实验后，卸掉荷载，关闭电源，整理好所用仪器设备，清理实验现场，将所用仪器设备复原，实验资料交指导教师检查签字。

8. 实验装置中，圆筒的管壁很薄，为避免损坏装置，注意切勿超载，不能用力扳动圆筒的自由端和力臂。

注意事项：

(1) 测试仪未开机前，一定不要进行加载，以免在实验中损坏试件。

(2) 实验前一定要设计好实验方案，准确测量实验计算用数据。

(3) 加载过程中一定要缓慢加载，不可快速进行加载，以免超过预定加载荷载值，造成测试数据不准确，同时注意不要超过实验方案中预定的最大荷载(该实验最大荷载 400 N)，以免损坏试件。

(4) 实验结束，一定要先将荷载卸掉，必要时可将加载附件一起卸掉，以免误操作损坏试件。

(5) 确认荷载完全卸掉后，关闭仪器电源，整理实验台面。

表 4.4 试件相关参考数据

<table>
<tr><td colspan="2">圆筒的尺寸和有关参数</td></tr>
<tr><td>计算长度 $L=300$ mm</td><td>内径 $d=32$ mm(钢)</td></tr>
<tr><td>外径 $D=40$ mm</td><td>扇臂长度 $a=248$ mm</td></tr>
<tr><td>泊松比 $\mu=0.30$</td><td>弹性模量 $E=70$ GPa</td></tr>
</table>

表 4.5 实验数据

<table>
<tr><td rowspan="2">荷载/N</td><td colspan="2">P</td><td colspan="3">100</td><td colspan="3">200</td><td colspan="3">300</td><td colspan="3">400</td></tr>
<tr><td colspan="2">ΔP</td><td colspan="4">100</td><td colspan="4">100</td><td colspan="4">100</td></tr>
<tr><td rowspan="9">各测点实验数据/$\mu\varepsilon$</td><td rowspan="3">45°</td><td>ε</td><td colspan="3"></td><td colspan="3"></td><td colspan="3"></td><td colspan="3"></td></tr>
<tr><td>$\Delta\varepsilon$</td><td colspan="4"></td><td colspan="4"></td><td colspan="4"></td></tr>
<tr><td>$\overline{\Delta\varepsilon}$</td><td colspan="12"></td></tr>
<tr><td rowspan="3">0</td><td>ε</td><td colspan="3"></td><td colspan="3"></td><td colspan="3"></td><td colspan="3"></td></tr>
<tr><td>$\Delta\varepsilon$</td><td colspan="4"></td><td colspan="4"></td><td colspan="4"></td></tr>
<tr><td>$\overline{\Delta\varepsilon}$</td><td colspan="12"></td></tr>
<tr><td rowspan="3">−45°</td><td>ε</td><td colspan="3"></td><td colspan="3"></td><td colspan="3"></td><td colspan="3"></td></tr>
<tr><td>$\Delta\varepsilon$</td><td colspan="4"></td><td colspan="4"></td><td colspan="4"></td></tr>
<tr><td>$\overline{\Delta\varepsilon}$</td><td colspan="12"></td></tr>
</table>

4.4.5 数据处理

(1) m 点实验值主应力及方向计算

$$\left.\begin{matrix}\sigma_1\\ \sigma_3\end{matrix}\right\}=\frac{E(\varepsilon_{45^\circ}+\varepsilon_{-45^\circ})}{2(1-\mu)}\pm\frac{\sqrt{2}E}{2(1+\mu)}\sqrt{(\varepsilon_{45^\circ}-\varepsilon_{0^\circ})^2+(\varepsilon_{-45^\circ}-\varepsilon_{0^\circ})^2} \tag{4.21}$$

$$\tan(2\alpha_0)=\frac{2\varepsilon_{0^\circ}-\varepsilon_{-45^\circ}-\varepsilon_{45^\circ}}{\varepsilon_{-45^\circ}-\varepsilon_{45^\circ}} \tag{4.22}$$

(2) m 点理论值主应力及方向计算

$$\left.\begin{matrix}\sigma_1\\ \sigma_3\end{matrix}\right\}=\frac{\sigma_x}{2}\pm\sqrt{\left(\frac{\sigma_x}{2}\right)^2+\tau_n^2} \tag{4.23}$$

$$\tan(2\alpha_0)=\frac{-2\tau_n}{\sigma_x} \tag{4.24}$$

$$\sigma_x=\frac{M}{W_z}\ ,M=\Delta P\cdot L\ ,W_z=\frac{\pi D^3}{32}\left[1-\left(\frac{d}{D}\right)^4\right] \tag{4.25}$$

$$\tau_n=\frac{M_n}{W_T}\ ,M_n=\Delta P\cdot a\ ,W_T=\frac{\pi D^3}{16}\left[1-\left(\frac{d}{D}\right)^4\right] \tag{4.26}$$

4.4.6 讨论题

1. 一般情况下,测平面应力状态一点主应力最少需要几个应变片或应变花?
2. 应变片选取不同的方向对测试结果有无影响?

4.5 材料弹性模量测定

4.5.1 实验目的

1. 测定常用金属材料的弹性模量。
2. 验证胡克(Hooke)定律。

4.5.2 实验仪器设备和工具

1. 组合实验台中拉伸装置。
2. 力 & 应变综合参数测试仪。

3. 游标卡尺、钢板尺。

4.5.3 实验原理和方法

1. 纵向变形和线应变

在轴向拉力(或压力)作用下,杆件产生轴向伸长(或缩短)的变形,称为纵向变形。此外,由实验可知,当杆件产生纵向伸长时,杆件的横向尺寸还会缩短;当杆件产生纵向缩短时,杆件的横向尺寸会增大。横向尺寸的变化称为横向变形。

以图 4.16 所示杆为例,设杆件原长为 l,受轴向外力 F 作用后,长度变为 l_1,则杆的长度改变量为

$$\Delta l = l_1 - l \tag{4.27}$$

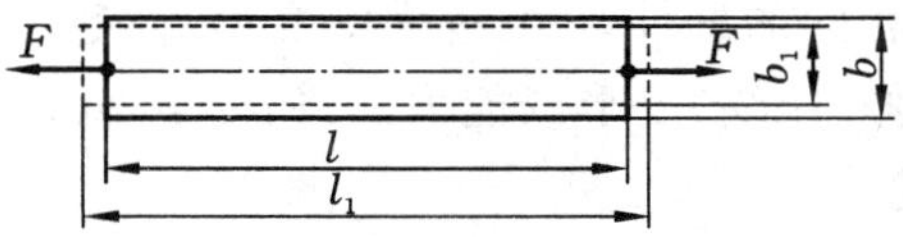

图 4.16 杆件轴向伸长

Δl 反映了杆的总的纵向变形量,称为杆的纵向变形。拉伸时 $\Delta l>0$,压缩时 $\Delta l<0$。杆件的绝对变形是与杆的原长有关的,因此,为了消除杆件原长度的影响,采用单位长度的变形量来度量杆件的变形程度,称为纵向线应变,用 ε 表示。对于均匀伸长的拉杆,有

$$\varepsilon = \frac{\Delta l}{l} = \frac{l_1 - l}{l} \tag{4.28}$$

纵向线应变 ε 是无量纲量,其正负号与 Δl 的相同,即在轴向拉伸时 ε 为正值,称为拉应变;在压缩时 ε 为负值,称为压应变。

2. 胡克定律

杆件的变形与其所受外力之间的关系,与材料的力学性能有关,只能由实验获得。实验表明,当轴向拉伸(压缩)杆件横截面上的正应力 σ 不大于某一极限值时,杆件的纵向变形量 Δl 与轴力 F 及杆长 l 成正比,而与横截面面积 A 成反比。引入比例常数 E,则有

$$\Delta l = \frac{Fl}{EA} \tag{4.29}$$

式(4.29)称为胡克定律,其中 E 称为材料的弹性模量,它表明材料抵抗拉伸(压缩)变形的能力,其值因材料而异,由实验测定,见表 4.6。弹性模量 E 的单位与应力单位相同,通常采用 Pa、kPa、MPa、GPa。

表 4.6 几种常见材料的 E 和 μ 的值

材料名称	弹性模量 E/GPa	泊松比 μ
铸铁	80～160	0.23～0.27
碳钢	196～216	0.24～0.28
合金钢	206～216	0.25～0.30
铝合金	70～72	0.26～0.33
铜	100～120	0.33～0.35
木材(顺纹)	8～12	—
橡胶	0.008～0.67	0.47

式(4.29)表明，对 F、l 相同的杆件，EA 越大则变形 Δl 越小，所以 EA 称为杆件的拉压刚度，它反映了杆件抵抗拉伸(压缩)变形的能力。将 $\sigma=F/A$，$\varepsilon=\Delta l/l$ 代入式(4.29)，得到胡克定律的另一个表达形式为

$$\sigma=E\varepsilon \tag{4.30}$$

上式比式(4.29)具有更普遍的意义。可简述为：在弹性范围内，杆件上任一点的正应力与线应变成正比。

3. 横向变形

轴向拉伸或压缩的杆件，不仅有纵向变形，还会有横向变形，如图 4.17 所示。设杆件轴向(水平方向)受压，变形前的横向尺寸为 b，变形后为 b_1，则杆件的横向变形量 $\Delta b=b_1-b$，与纵向线应变的概念相似，定义横向线应变

$$\varepsilon'=\frac{\Delta b}{b}=\frac{b_1-b}{b} \tag{4.31}$$

图 4.17 横向变形

实验指出，同一种材料，在弹性变形范围内，横向线应变 ε' 和纵向线应变 ε 之比的绝对值为一常数，即

$$\left|\frac{\varepsilon'}{\varepsilon}\right|=\mu \tag{4.32a}$$

μ 称为横向变形系数，又称为泊松比，它是一个无量纲量，其值因材料而异，可由实验测定，见表 4.6。

由于 μ 是绝对值，而 ε 与 ε' 的正负号总是相反，故式(4.32a)又可写为

$$\varepsilon'=-\mu\varepsilon \tag{4.32b}$$

4. 弹性模量 E 的测定

当材料处于线弹性范围内时，由胡克定律可知，试件的应力和应变满足关系式 $\sigma=E\cdot\varepsilon$，则 $E=\sigma/\varepsilon$。如果测得试件的应力及对应时刻的应变值，则可由此式计算出试件材料的弹性模量 E 的值。因此实验的内容实际就是通过测量试件的应力与应变的结果，然后由测得的应力与应变的结果计算试件的弹性模量 E 的值。

试件采用矩形截面试件，电阻应变片布片方式如图 4.18 所示。在试件中央截面上，沿前后两面的轴线方向分别对称地贴一对轴向应变片 R_1、R_1'和一对横向应变片 R_2、R_2'，以测量轴向应变 ε 和横向应变 ε'。

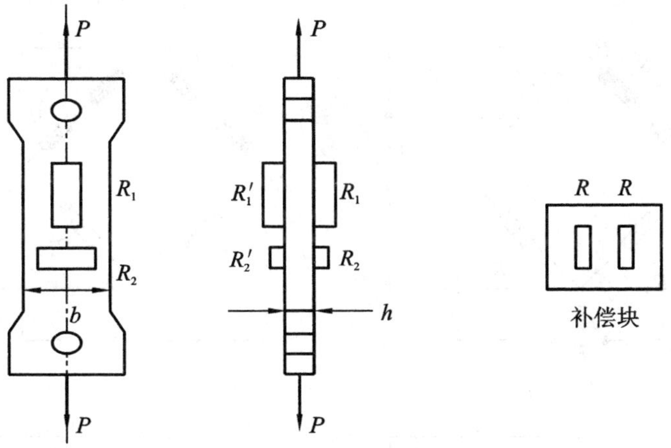

图 4.18　拉伸试件及布片图

由于实验装置和安装初始状态的不稳定性，拉伸曲线的初始阶段往往是非线性的。为了尽可能减小测量误差，实验宜从一初荷载 $P_0(P_0\neq 0)$开始，采用增量法，分级加载，分别测量在各相同荷载增量 ΔP 作用下，产生的应变增量 $\Delta\varepsilon$，并求出 $\Delta\varepsilon$ 的平均值。设试件初始横截面面积为 A_0，又因 $\varepsilon=\Delta l/l$，则有

$$E=\frac{\Delta P}{\Delta\varepsilon A_0} \tag{4.33}$$

式中　A_0——试件截面面积；

$\Delta\varepsilon$——轴向应变增量的平均值。

上式即为增量法测弹性模量的计算公式。

5. 几种常见的组桥方式

用上述板试件测弹性模量时，合理地选择组桥方式可有效地提高测试灵敏度和实验效率。下面讨论几种常见的组桥方式。

(1) 单臂测量[图 4.19(a)]

实验时，在一定荷载条件下，分别对前后两枚轴向应变片进行单片测量，并取其平均值 $\bar{\varepsilon}=(\varepsilon_1-\varepsilon_1')/2$。显然$(\overline{\varepsilon_n}+\varepsilon_0)$代表荷载$(\overline{P_n}+P_0)$作用下试件的实际应变量。而且 $\bar{\varepsilon}$ 消除了偏心弯曲引起的测量误差。

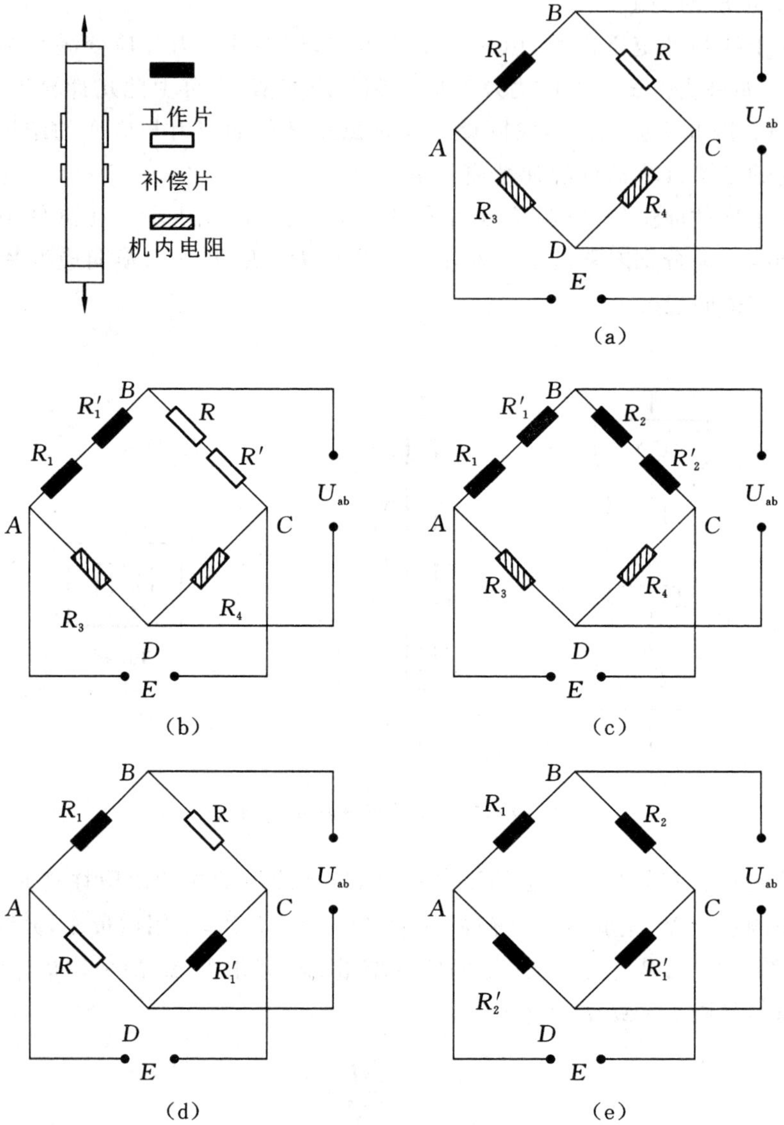

图 4.19　几种不同的组桥方式

(2) 轴向应变片串联后的单臂测量[图 4.19(b)]

为消除偏心弯曲引起的影响，可将前后两轴向应变片串联后接在同一桥臂(AB)上，而邻臂(BC)接相同阻值的补偿片。受拉时两枚轴向应变片的电阻变化分别为

$$\Delta R=\begin{cases}\Delta R_1+\Delta R_M\\ \Delta R_1'-\Delta R_M\end{cases}\tag{4.34}$$

ΔR_M 为偏心弯曲引起的电阻变化，拉、压两侧大小相等、方向相反。根据桥路原理，AB 桥臂有

$$\frac{\Delta R}{R}=\frac{(\Delta R_1+\Delta R_M+\Delta R_1'-\Delta R_M)}{(R_1+R_1')}=\frac{\Delta R_1}{R_1} \tag{4.35}$$

因此轴向应变片串联后，偏心弯曲的影响自动消除，而应变仪的读数就等于试件的应变，即 $\varepsilon_P=\varepsilon_d$，很显然这种测量方法没有提高测量灵敏度。

(3) 串联后的半桥测量图[4.19(c)]

将两轴向应变片串联后接 AB 桥臂；两横向应变片串联后接 BC 桥臂，偏心弯曲的影响可自动消除，而温度影响也可自动补偿。根据桥路原理

$$\varepsilon_d=\varepsilon_1-\varepsilon_2-\varepsilon_3+\varepsilon_4 \tag{4.36}$$

其中：$\varepsilon_1=\varepsilon_P$；$\varepsilon_2=-\mu\varepsilon_P$，$\varepsilon_P$ 代表轴向应变，μ 为材料的泊松比。由于 ε_3、ε_4 为零，故电阻应变仪的读数应为 $\varepsilon_d=\varepsilon_P(1+\mu)$，得到 $\varepsilon_P=\varepsilon_d/(1+\mu)$。

如果材料的泊松比已知，这种组桥方式使测量灵敏度提高$(1+\mu)$倍。

(4) 相对桥臂测量[图 4.19(d)]

将两轴向应变片分别接在电桥的相对两臂（AB、CD），两温度补偿片接在相对桥臂（BC、DA），偏心弯曲的影响可自动消除。根据桥路原理 $\varepsilon_d=2\varepsilon_P$，测量灵敏度提高 2 倍。

(5) 全桥测量

按图 4.19(e)的方式组桥进行全桥测量，不仅消除偏心和温度的影响，而且测量灵敏度比单臂测量时提高 $2(1+\mu)$倍，即：$\varepsilon_d=2\varepsilon_P(1+\mu)$。

4.5.4 实验步骤

1. 测量试件尺寸。在试件标距范围内，测量试件三个横截面尺寸，取三处横截面面积的平均值作为试件的横截面面积 A_0，见表 4.7。

2. 拟订加载方案。先选取适当的初荷载 P_0（一般取 $P_0=10\%P_{max}$左右），估算 P_{max}（该实验荷载范围 $P_{max}\leqslant 2000$ N），分 4～6 级加载。

3. 根据加载方案，调整好实验加载装置。

4. 按实验要求接好线[为提高测试精度建议采用图 4.19(d)所示相对桥臂测量方法，纵向应变 $\varepsilon_d=2\varepsilon_P$，横向应变 $\varepsilon_d'=2\varepsilon_P'$]，调整好仪器，检查整个测试系统是否处于正常工作状态。

5. 加载。均匀缓慢加载至初荷载 P_0，记下各点应变的初始读数；然后分级等增量加载，每增加一级荷载，依次记录各点电阻应变片的应变值，直到最终荷载。实验至少重复两次，相对桥臂测量数据表格见表 4.8。

6. 做完实验后，卸掉荷载，关闭电源，整理好所用仪器设备，清理实验现场，将所用仪器设备复原。

注意事项：

(1) 测试仪未开机前，一定不要进行加载，以免在实验中损坏试件。

(2) 实验前一定要设计好实验方案，准确测量实验计算用数据。

(3) 加载过程中一定要缓慢加载，不可快速进行加载，以免超过预定加载荷载值，造成测试数据不准确，同时注意不要超过实验方案中预定的最大荷载(该实验最大荷载 2000 N)，以免损坏试件。

(4) 实验结束，一定要先将荷载卸掉，必要时可将加载附件一起卸掉，以免误操作损坏试件。

(5) 确认荷载完全卸掉后，关闭仪器电源，整理实验台面。

表 4.7　试件相关参考数据

试件	厚度 h/mm	宽度 b/mm	横截面面积 $A_0(A_0=hb)/\mathrm{mm}^2$
截面	4.8	30	
弹性模量 $E=206$ GPa			
泊松比 $\mu=0.26$			

表 4.8　实验数据

荷载/N	P	500	1000	1500	2000
	ΔP	500	500	500	
轴向应变读数/$\mu\varepsilon$	ε_1				
	$\Delta\varepsilon_1$				
	$\overline{\Delta\varepsilon_1}$				
	ε_2				
	$\Delta\varepsilon_2$				
	$\overline{\Delta\varepsilon_2}$				
	ε_3				
	$\Delta\varepsilon_3$				
	$\overline{\Delta\varepsilon_3}$				

4.5.5　数据处理

根据测得的轴向应变增量的平均值，得弹性模量为：

$$E=\frac{\Delta P}{\overline{\Delta\varepsilon}A_0} \tag{4.37}$$

4.6 压杆稳定实验

4.6.1 实验目的

1. 用电测法测定两端铰支压杆的临界荷载 P_{cr}，并与理论值进行比较，验证欧拉公式。
2. 观察两端铰支压杆丧失稳定的现象。

4.6.2 实验仪器设备和工具

1. 材料力学组合实验台中压杆稳定实验部件。
2. 力 & 应变综合参数测试仪。
3. 游标卡尺、钢板尺。

4.6.3 实验原理和方法

1. 细长杆件的稳定性问题

强度、刚度和稳定性是材料力学研究的三大问题。稳定性主要研究细长杆件在承受轴向压力时表现出的与强度问题迥然不同的破坏现象。根据材料力学理论，对于两端受压的理想压杆，若压力不超过一定值，压杆保持直线平衡，即使有微小的横向干扰力使压杆发生微小弯曲变形，在干扰力解除后，它仍将恢复直线平衡状态，此时压杆是稳定的。但当压力逐渐增加到某一极限值时，再有微小横向干扰力使细杆发生弯曲变形时，解除干扰力后，压杆将继续保持在微弯平衡状态而不再回到原来的直线平衡状态，这种现象称为失稳。这个压力的极限值称为临界压力，用 P_{cr} 表示。

对受压杆件的研究，是从强度的观点出发的。即认为只要满足压缩强度条件。就可以保证压杆正常工作。这对短粗的压杆是正确的，但对于细长压杆来说就不适用了。对于细长的压杆，就不能单纯从强度方面考虑了。如图 4.20 所示，宽 30 mm、厚 2 mm 的矩形截面杆，设其材料的抗压强度为 $\sigma_b = 470$ MPa，当高为 30 mm 时，将它压坏所需要的力，按抗压强度条件计算得到 $F_1 = A\sigma_b = 30 \times 10^{-3} \times 2 \times 10^{-3} \times 470 \times 10^6$ N $= 28.2$ kN。但当钢板条的高度改变为 500mm 后，实验发现，压力达到 45 N 时，钢板条开始弯曲，若压力继续增大，则弯曲变形急剧增加而折断，此时的压力远小于 28.2 kN。钢板条之所以丧失工作能力，是因为它不能保持原来的直线形状。可见，细长压杆的承载能力不取决于它的抗压强度条件，而取决于它保持直线平衡状态的能力。两根材料和横截面都相同的压杆，只是由于杆长不同，其破坏性质发生了质的改变。所以，对于短粗压杆，只需考虑其强度问题；对于细长压杆，则要考虑其原有直线形状平衡状态的稳定性问题。

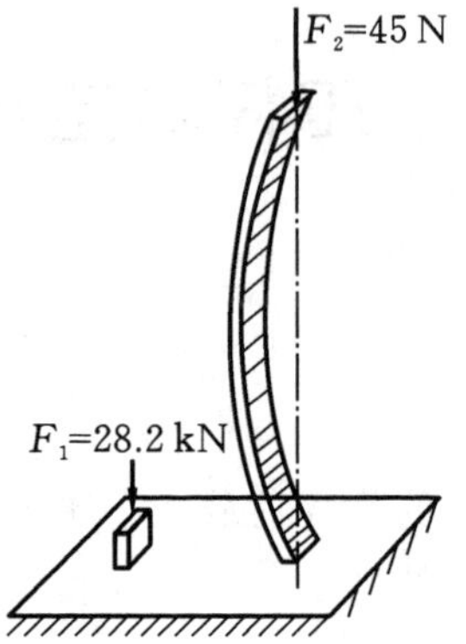

图 4.20　钢板条受压

2. 临界荷载

只有当轴向压力 F 等于临界荷载 P_{cr} 时，压杆才可能在微弯状态保持平衡。因此，使压杆在微弯状态保持平衡的最小轴力，即为压杆的临界荷载 P_{cr}。所谓细长压杆，就是当压力等于临界荷载时，直杆横截面上的正应力不超过材料比例极限 σ_p 的压杆。

由于约束不同，压杆的临界荷载也不同。在工程实际中，除了两端铰支压杆外，还有其他支持方式的压杆，例如一端自由、另一端固定的压杆，一端铰支、另一端固定的压杆，两端固定的压杆等。为了应用方便，将细长压杆的临界荷载公式统一写成如下形式：

$$P_{cr}=\frac{\pi^2 EI}{(\mu l)^2} \tag{4.38}$$

上式为欧拉公式的普遍形式。其中 μl 表示把压杆折算成两端铰支压杆的长度，称为相当长度，μ 称为长度因数，不同杆端支承情况的细长压杆的长度因数不同。压杆两端铰支时，长度因数 μ 为 1。

压杆两端铰支约束，可以用图 4.21 表示。压杆一端固定、一端铰支约束，可以用图 4.22 表示。两端固定，但一端可沿轴向相对移动约束，可以用图 4.23 表示。

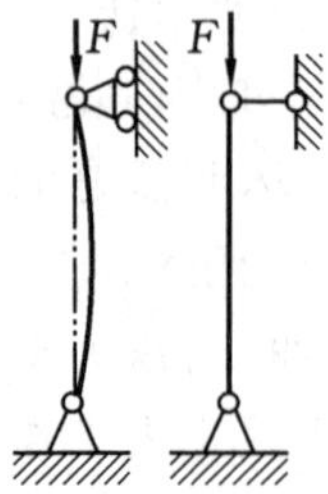

图 4.21　压杆两端铰支约束

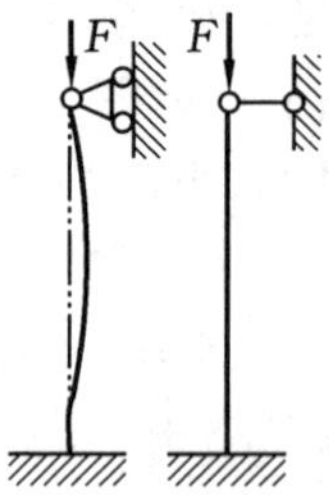

图 4.22　压杆一端固定、一端铰支约束

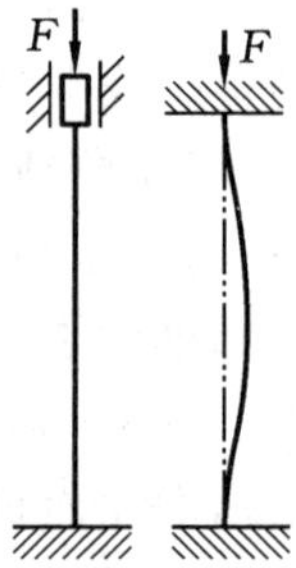

图 4.23　两端固定、一端可沿轴向相对移动约束

3. 临界力的测定

对于两端铰支、中心受压的细长杆，其临界力可按欧拉公式计算：

$$P_{cr}=\frac{\pi^2 EI_{min}}{L^2} \tag{4.39}$$

式中 I_{min}——杠杆横截面的最小惯性矩，$I_{min}=bh^3/12$；

L——压杆的计算长度。

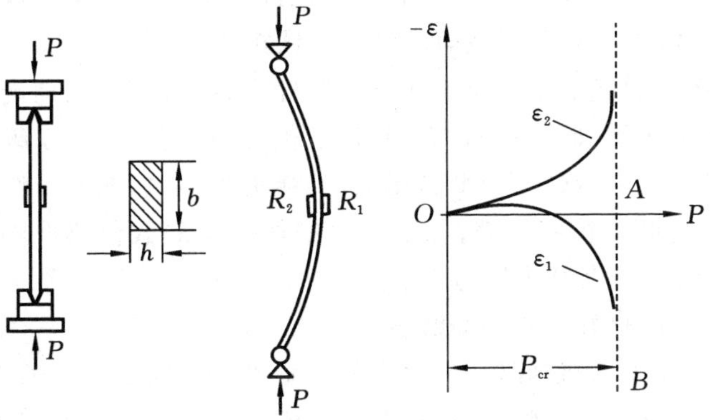

(a) (b)

图 4.24 两端铰支压杆

图 4.24(b)中 AB 与 P 轴相交的 P 值，即为依据欧拉公式计算所得的临界力 P_{cr}的值。在 A 点之前，当 $P<P_{cr}$时压杆式中保持直线形式，处于稳定平衡状态。在 A 点，$P=P_{cr}$时，标志着压杆丧失稳定平衡的开始，压杆可在微弯的状态下维持平衡。在 A 点之后，当 $P>P_{cr}$时压杆将丧失稳定而发生弯曲变形。因此，P_{cr}是压杆由稳定平衡过渡到不稳定平衡的临界力。

实际实验中的压杆，由于不可避免地存在初曲率、材料不均匀和荷载偏心等因素影响，在 P 远小于 P_{cr}时，压杆也会发生微小的弯曲变形，只是当 P 接近 P_{cr}时弯曲变形会突然增大，而丧失稳定。

实验测定 P_{cr}时，可采用本材料力学多功能试验装置中压杆稳定试验部件，该装置上、下支座为 V 形槽口，将带有圆弧尖端的压杆装入支座中，在外力的作用下，通过能上下活动的上支座对压杆施加荷载，压杆变形时，两端能自由地绕 V 形槽口转动，即相当于两端铰支的情况。利用电测法在压杆中央两侧各贴一枚应变片 R_1 和 R_2，如图 4.24(a)所示。假设压杆受力后如图向右弯曲情况下，以 ε_1 和 ε_2 分别表示应变片 R_1 和 R_2 两点的应变值，此时，ε_1 是由轴向压应变与弯曲产生的拉应变之代数和，ε_2 则是由轴向压应变与弯曲产生的压应变之代数和。

当 $P\ll P_{cr}$时，压杆几乎不发生任何弯曲变形，ε_1 和 ε_2 均为轴向压缩引起的压应变，两者相等，当荷载 P 增大时，弯曲应变 ε_1 则逐渐增大，ε_1 和 ε_2 的差值也愈来愈大；当荷载 P 接近临界力 P_{cr}时，二者相差更大，而 ε_1 变成拉应变。故无论 ε_1 还是 ε_2，当荷载 P 接近临界力 P_{cr}时，均急剧增加。如用横坐标代表荷载 P，纵坐标代表压应变 ε，则压杆的 P-ε 关系曲线如图 4.24(b)所示。从图中可以看出，当 P 接近 P_{cr}时，P-ε_1 和 P-ε_2 曲线都接近同一水平渐近线，A 点对应的横坐标大小即为实验临界压力值。

4.6.4 实验步骤

1. 设计好本实验所需的各类数据表格。

2. 测量试件尺寸。在试件标距范围内，测量试件三个横截面尺寸，取三处横截面的宽度 b 和厚度 h，取其平均值用于计算横截面的最小惯性矩 $I_{\min}$，见表 4.9。

3. 拟定加载方案。加载前用欧拉公式求出压杆临界压力 P_{cr} 的理论值，在预估临界力值的 80%以内，可采用大等级加载，进行荷载控制。例如可以分成 4～5 级加载，荷载每增加一个 ΔP，记录响应的应变值一次，超过此范围后，当接近失稳时，变形量快速增加，此时荷载量应取小些，或者改为变形量控制加载，即变形每增加一定的数量读取响应的荷载，直到 ΔP 的变化很小，渐近线的趋势已经明显为止。

4. 根据加载方案，调整好实验加载装置。

5. 按实验要求接好线，调整好仪器，检查整个系统是否处于正常工作状态。

6. 加载分成三个阶段，在达到理论临界荷载 P_{cr} 的 80%之前，由荷载控制，均匀缓慢加载，每增加一级荷载，记录两点应变值 ε_1 和 ε_2；超过理论临界荷载 80%以后，由变形控制，每增加一定的应变量读取相应的荷载值。当试件的弯曲变形明显时即可停止加载，卸掉荷载。实验至少重复两次，实验数据填表格见表 4.10。

7. 做完实验后，逐级卸掉荷载，仔细观察其变化，直到试件回弹至初始状态。关闭电源，整理好所用仪器设备，清理实验现场，将所用仪器设备复原，实验资料交指导教师检查签字。

表 4.9 试件相关数据

试件参数及有关资料	截面Ⅰ	截面Ⅱ	截面Ⅲ	平均值
厚度 h/mm	1.8			
宽度 b/mm	20			
长度 L/mm	320			
最小惯性矩	$I_{\min}=bh^3/12$			
弹性模量	$E=206$ GPa			

表 4.10 实验数据

荷载 P/N	应变仪读数/$\mu\varepsilon$	

续表4.10

荷载 P/N	应变仪读数/$\mu\varepsilon$	

4.6.5　实验结果处理

1. 用方格纸绘出 P_j-ε_1 和 P_j-ε_2 曲线，以确定实测临界力 $P_{cr实}$。

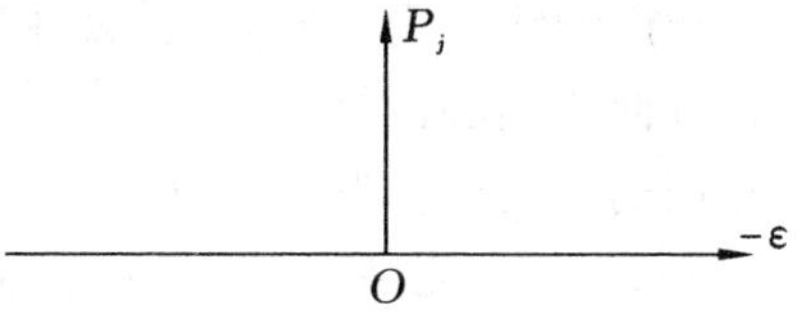

2. 临界力 $P_{cr理}$ 计算。

试件最小惯性矩 $I_{min}=bh^3/12$，单位 m^4。

试件计算长度 L，根据杆端支承情况确定，单位 m。

理论临界力 $P_{cr理}=\dfrac{\pi^2 EI_{min}}{L^2}$，单位 N。

3. 实验值与理论值比较，见表 4.11。

表 4.11　临界力实验值与理论值

实验值 $P_{cr实}$	
理论值 $P_{cr理}$	
误差百分率(%) $\lvert P_{cr理}-P_{cr实}\rvert/P_{cr理}$	

4.7　偏心拉伸实验

4.7.1　实验目的

1. 测定偏心拉伸时最大正应力，验证迭加原理的正确性。
2. 分别测定偏心拉伸时由拉力和弯矩所产生的应力。
3. 测定偏心距。
4. 测定弹性模量。

4.7.2 实验仪器设备与工具

1. 组合实验台拉伸部件。
2. 力 & 应变综合参数测试仪。
3. 游标卡尺、钢板尺。

4.7.3 实验原理和方法

1. 偏心拉压

当外力平行于杆件轴线且与杆件轴线不重合时，杆件发生弯拉压组合变形，这种组合称为偏心拉压或分别单独称为偏心拉伸或偏心压缩。

图 4.25(a)所示立柱，受偏心压力 F 作用，偏心距为 e。将力 F 向端面的形心 C 简化。得到轴向压力 F 和外力偶 $M_{ez}=Fe$，任一横截面 1—1 的内力为

$$F_N=-F \tag{4.40}$$

$$M_z=M_{ez}=Fy \tag{4.41}$$

可见，内力不随截面位置而变化。由轴力 F_N 和弯矩 M 引起的正应力分布如图 4.25(b)、图 4.25(c)所示。截面上任意点处的应力为

$$\sigma=\frac{F_N}{A}+\frac{M_z}{I_z}y \tag{4.42}$$

正应力在横截面的分布如图 4.25(d)所示。偏心拉压时，中性轴不通过截面形心，且不与横截面的对称轴 y，z 平行。

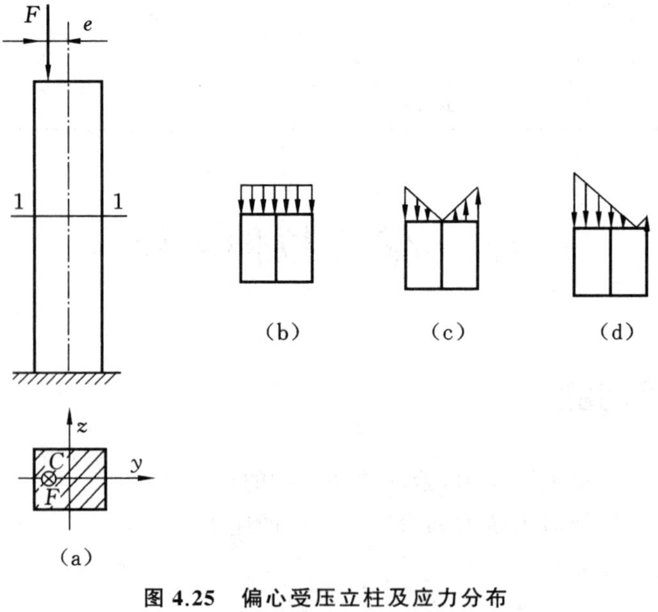

图 4.25 偏心受压立柱及应力分布

2. 偏心拉伸

偏心拉伸试件，在外荷载作用下，其轴力 $N=P$，弯矩 $M=P\cdot e$，其中 e 为偏心距。根据迭加原理，得横截面上的应力为单向应力状态，其理论计算公式为拉伸应力和弯矩正应力的代数和。即

$$\sigma=\frac{P}{A_0}\pm\frac{6M}{bh^2} \tag{4.43}$$

偏心拉伸试件及应变片的布置方法见图 4.26，R_1 和 R_2 分别为试件两侧的两个对称点。则

$$\varepsilon_1=\varepsilon_P+\varepsilon_M,\varepsilon_2=\varepsilon_P-\varepsilon_M \tag{4.44}$$

式中 ε_P——轴力引起的拉伸应变；

ε_M——弯矩引起的应变。

根据桥路原理，采用不同的组桥方式，即可分别测出与轴向力及弯矩有关的应变值。从而进一步求得弹性模量 E、偏心距 e、最大正应力和分别由轴力、弯矩产生的应力。

采用全桥对臂桥路接法可直接测出轴向力引起的应变 ε_P[采用此接桥方式需加温度补偿片，接线如图 4.27(b)所示]。

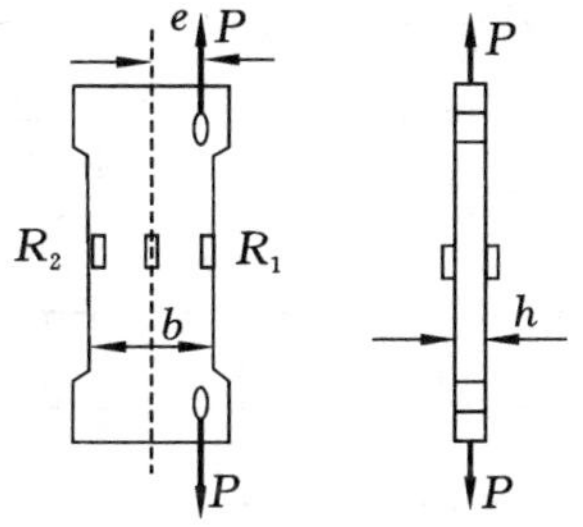

图 4.26 拉伸试件及贴片图

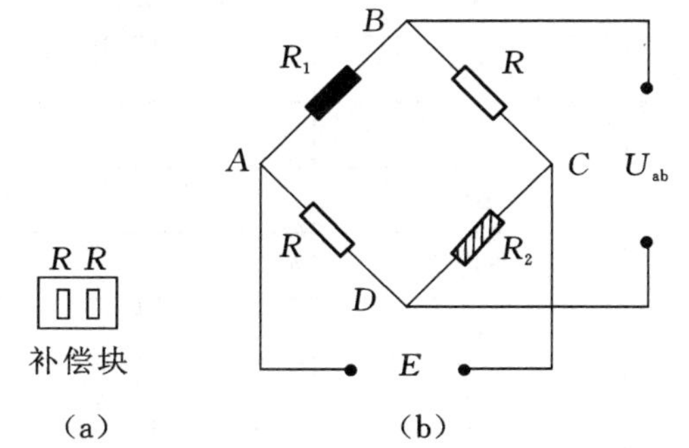

图 4.27 组桥图

4.7.4 实验步骤

1. 设计好本实验所需的各类数据表格。

2. 测量试件尺寸。在试件标距范围内，测量试件三个横截面尺寸，取三处横截面面积的平均值作为试件的横截面面积 A_0，见表 4.12。

3. 拟定加载方案。先选取适当的初荷载 P_0（一般取 $P_0=10\%P_{max}$左右），估算 P_{max}（该实验荷载范围 $P_{max}\leqslant 2000$ N），分 4～6 级加载。

4. 根据加载方案，调整好实验加载装置。

5. 按实验要求接好线，调整好仪器，检查整个系统是否处于正常工作状态。

6. 加载。均匀缓慢加载至初荷载 P_0，记下各点应变的初始读数，然后分级等增量加载，每增加一级荷载，依次记录应变值 ε_P 和 ε_M，直到最终荷载。实验至少重复两次，见表 4.13。

7. 做完实验后，卸掉荷载，关闭电源，整理好所用仪器设备，清理实验现场，将所用仪器设备复原，实验资料交指导教师检查签字。

表 4.12　试件相关数据

试件	厚度 h/mm	宽度 b/mm	横截面面积 $A_0(A_0=bh)$/mm^2
截面Ⅰ	25	15	
截面Ⅱ			
截面Ⅲ			
平均			
弹性模量 $E=206$ GPa 左右			
泊松比 $\mu=0.28$ 左右			
偏心距 $e=10$ mm			

表 4.13　实验数据

荷载/N	P	500	1000	1500	2000		
	ΔP	500	500	500	500		
应变仪读数/$\mu\varepsilon$	ε_1						
	$\Delta\varepsilon_1$						
	平均值						
	ε_2						
	$\Delta\varepsilon_2$						
	平均值						

4.7.5　实验结果处理

1. 求弹性模量 E

$$\varepsilon_P=(\varepsilon_1+\varepsilon_2)/2 \tag{4.45}$$

$$E=\frac{\Delta P}{A_0\varepsilon_P} \tag{4.46}$$

2. 求偏心距 e

$$\varepsilon_M=(\varepsilon_1-\varepsilon_2)/2 \tag{4.47}$$

$$e=\frac{Ehb^2}{6\Delta P}\varepsilon_M \tag{4.48}$$

3. 应力计算

理论值应力计算

$$\sigma_{\min}^{\max}=\frac{\Delta P}{A_0}\pm\frac{6\Delta Pe}{hb^2} \tag{4.49}$$

实验值应力计算

$$\sigma_{\max}=E(\varepsilon_P+\varepsilon_M) \tag{4.50}$$

$$\sigma_{\min}=E(\varepsilon_P-\varepsilon_M) \tag{4.51}$$

4.8 等强度梁实验

4.8.1 实验目的

测定等强度悬臂梁上下表面的应力，验证梁的弯曲理论。

4.8.2 实验仪器设备和工具

1. 材料力学组合实验台中等强度悬臂梁实验装置与部件。
2. 力 & 应变综合参数测试仪。
3. 游标卡尺、钢板尺。

4.8.3 实验原理和方法

1. 变截面梁与等强度梁

为了节省材料，减轻结构自重，在工程实际中，可以根据梁的受力情况，采用变截面梁。通常情况下，梁的弯矩是随截面位置而变化的，若采用等截面梁，除了最大弯矩所在截面，其他截面上的最大应力都未达到许用应力，材料未能得到充分利用。为了节省材料，可以考虑在弯矩较大处采用较大截面，而在弯矩较小处采用较小截面。这种截面随轴线变化的梁，称为变截面梁。如果变截面梁各个横截面上的最大正应力都相等，并等于许用应力，则该梁称为等强度梁。设梁在任一截面上的弯矩为 $M(x)$，截面的抗弯截面系数为 $W(x)$。按等强度梁的要求，应有 $\sigma_{\max}=\frac{M(x)}{W(x)}=[\sigma]$。

等强度梁是一种理想状态的变截面梁。但考虑到加工与结构上的需要，工程实际中的变截面梁大都只能设计成近似等强度的，例如鱼腹梁、阶梯轴等。

2. 等强度梁应变值的测定

将试件固定在实验台架上，梁在纯弯曲时，同一截面上表面产生压应变，下表面产生拉

应变,上下表面产生的拉压应变绝对值相等。计算公式如下:

$$\varepsilon=\frac{6FL}{Ebh^2} \tag{4.52}$$

式中 F——梁上所加的荷载;

L——荷载作用点到测试点的距离;

E——弹性模量;

b——梁的宽度;

h——梁的厚度。

在梁的上下表面分别粘贴上应变片 R_1、R_2,如图 4.28 所示,当对梁施加荷载 P 时,梁产生弯曲变形,在梁内引起应力。

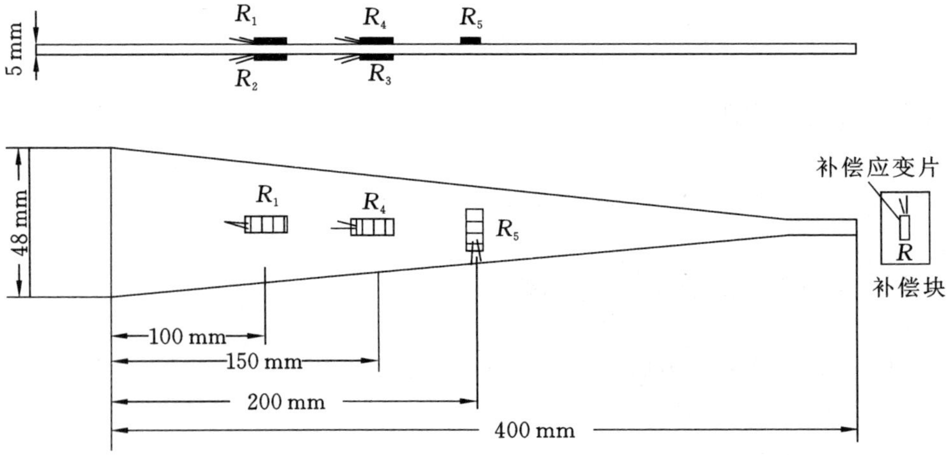

图 4.28 等强度梁外形图及布片图

4.8.4 实验步骤

1. 设计好本实验所需的各类数据表格。

2. 测量悬臂梁的有关尺寸,确定试件有关参数,见表 4.14。

3. 拟定加载方案。选取适当的初荷载 $P_0=20$ N 左右,估算最大荷载 P_{max}(该实验荷载范围≤100 N),一般分 4~6 级加载。

4. 实验采用多点测量中半桥单臂公共补偿接线法。将悬臂梁上两点应变片按序号接到电阻应变仪测试通道上,温度补偿片接电阻应变仪公共补偿端。

5. 按实验要求接好线,调整好仪器,检查整个系统是否处于正常工作状态。

6. 实验加载。用均匀慢速加载至初荷载 P_0。记下各点应变片初读数,然后逐级加载,每增加一级荷载,依次记录各点电阻应变仪的 ε_i,直到最终荷载。实验至少重复三次,数据表格见表 4.15。

7. 做完实验后,卸掉荷载,关闭电源,整理好所用仪器设备,清理实验现场,将所用仪器设备复原,实验资料交指导教师检查签字。

表 4.14 试件相关数据

梁的尺寸和有关参数	
梁的高度	$h=8$ mm
梁的宽度	$b=48$ mm
荷载作用点到测试点距离	$L=400$ mm
弹性模量	$E=206$ GPa
泊松比	$\mu=0.28$

表 4.15 实验数据

荷载/N	P	10	20	30	40	50	
	ΔP	10	10	10	10		
轴向应变读数/$\mu\varepsilon$	ε_1						
	$\Delta\varepsilon_1$						
	平均值						
	ε_2						
	$\Delta\varepsilon_2$						
	平均值						

4.8.5 实验结果处理

1. 理论值计算

$$\sigma=\frac{M}{W}=\frac{6\Delta PL}{bh^2} \tag{4.53}$$

2. 实验值计算

$$\sigma=E\cdot\varepsilon_{均} \tag{4.54}$$

3. 理论值与实验值比较

$$e=\frac{\sigma_{理}-\sigma_{实}}{\sigma_{理}}\times 100\% \tag{4.55}$$

5　材料力学开放实验

5.1　低碳钢的压缩实验

5.1.1　实验目的

1. 测定低碳钢压缩时的屈服强度R_{eL}。
2. 了解低碳钢压缩时的破坏现象，比较拉、压时的机械性能。

5.1.2　实验仪器

1. 万能试验机。
2. 游标卡尺。

5.1.3　实验内容和原理

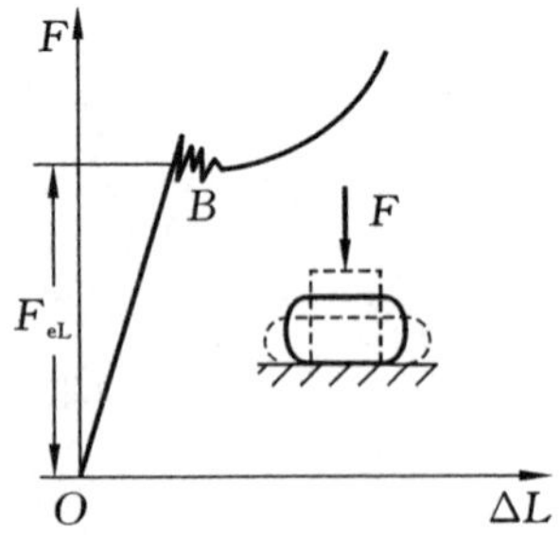

图 5.1　低碳钢压缩曲线

低碳钢压缩时，弹性模量和屈服强度与拉伸基本相同，屈服后试样随压力的不断增大变得越短越粗，横截面积不断增大，承受压力也不断增大，即使试样被压得很扁，也不会裂，因此低碳钢压缩时不存在抗拉强度，其 F-ΔL 曲线如图 5.1 所示。低碳钢压缩实验试样的形状与尺寸，可参照国家标准设计。压缩试样不宜细长，以免受压发生纵向弯曲而导致失稳，同时也不宜过于粗短，以免影响实验结果。对于金属材料，横截面多采用圆形截面，其高度 h 和直径 d 之比一般规定为 2.5～3.5。对于非金属材料，如混凝土，常用立方体试样，岩石试样多为长方体。

5.1.4　实验方法、步骤

1. 试件的准备
用游标卡尺测量试件的直径 d。

2. 试验机的准备

了解万能试验机的基本构造原理和操作方法，学习试验机的操作规程。

3. 进行实验

开动机器，对试件缓慢均匀加载，低碳钢在压缩过程中产生流动以前基本情况与拉伸时相同；加载到 B 点时，测力盘指针停止不动或倒退，这说明材料产生了流动。当荷载超过 B 点后，塑性变形逐渐增加，试件横截面面积逐渐明显地增大，试件最后被压成鼓形而不断裂，故只能测出产生流动时的荷载 F_{eL}。

5.1.5 实验数据处理

实验结束后，观察试样形貌，低碳钢压缩屈服强度计算公式为：

$$R_{eL}=\frac{F_{eL}}{S_0} \tag{5.1}$$

式中 F_{eL}——材料屈服时的荷载，kN；

S_0——试样的原始横截面面积，mm^2。

若是微机控制的试验机，计算机会自动计算出屈服荷载和屈服强度。

5.1.6 注意事项

1. 试件一定要放在压头中心，以免受偏心影响。
2. 在试件与上压头接触时要特别注意，使之慢慢接触，以免发生撞击，损坏机器。

5.1.7 思考题

1. 低碳钢压缩图与拉伸图有何区别？说明什么问题？
2. 低碳钢压缩后为什么呈鼓形？

5.2 铸铁的压缩实验

5.2.1 实验目的

1. 测定铸铁压缩时的抗压强度 R_m。
2. 观察铸铁压缩破坏时的断口形貌，并绘制压缩曲线图。
3. 比较低碳钢和铸铁两种性质不同材料的机械性能。

5.2.2 实验仪器

1. 万能试验机。
2. 游标卡尺。

5.2.3 实验内容和原理

铸铁材料的压缩试件一般也制成圆柱形，如图 5.2 所示，其压缩曲线如图 5.3 所示。同拉伸过程相似，铸铁在压缩过程中也是在很小的变形下突然断裂。破坏断面与其轴线大致成 45°，这是由于 45°斜截面上存在最大切应力而造成的。试样破坏后断口形貌如图 5.4 所示。

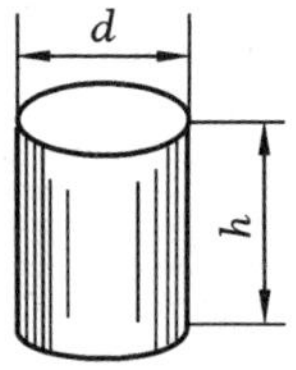

图 5.2 铸铁压缩试件

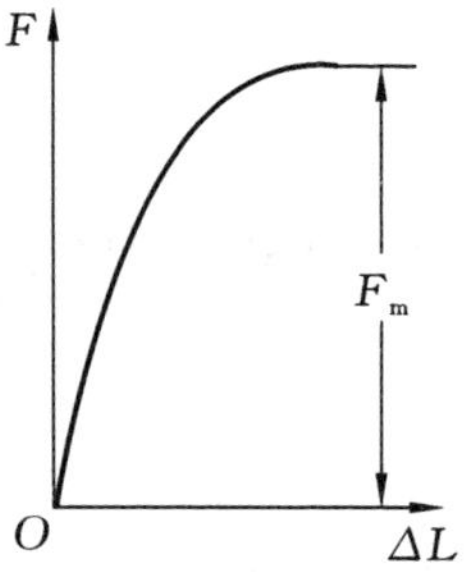

图 5.3 铸铁压缩曲线

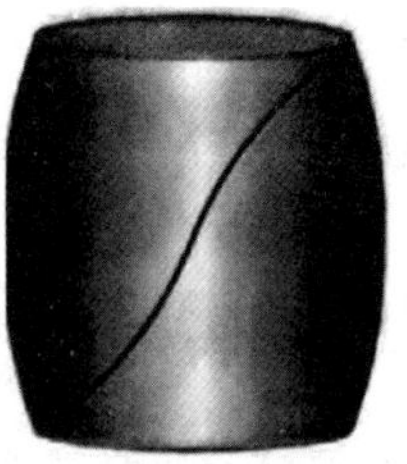

图 5.4 铸铁试件破坏

铸铁抗压强度是抗拉强度的 4～6 倍，这是脆性材料的显著特点之一。加之铸铁价格低廉，易于浇铸成形，而且具有良好的吸震能力，因此广泛用作机床床身等受压构件。

5.2.4 实验方法、步骤

1. 试件的准备

用游标卡尺测量试件的直径 d。

2. 试验机的准备

了解万能试验机的基本构造原理和操作方法，学习试验机的操作规程。

3. 进行实验

开动机器，缓慢均匀加载直到断裂为止。记录最大荷载 F_m，观察自动绘图装置上的曲线，如图 5.3 所示。

5.2.5　实验数据处理

实验结束后，观察试样形貌，输入相关数据，计算机系统将自动计算出铸铁压缩时的抗压强度 R_m，并绘制出压缩曲线，系统参考计算公式为：

$$R_m = \frac{F_m}{S_0} \tag{5.2}$$

式中　F_m——材料破坏时的荷载，kN；

S_0——试样的原始横截面面积，mm^2。

若是微机控制的试验机，计算机会自动计算出最大荷载和抗拉强度。

5.2.6　注意事项

1. 试件一定要放在压头中心，以免受偏心影响。
2. 在试件与上压头接触时要特别注意，使之慢慢接触，以免发生撞击，损坏机器。
3. 铸铁压缩时，应注意安全，以防试件破坏时跳出伤人。

5.2.7　思考题

1. 比较铸铁在拉伸和压缩时的力学性能。
2. 为什么铸铁试件受压缩时是沿着与轴线大致成45°的斜截面发生破坏？

5.3　低碳钢扭转实验

5.3.1　实验目的

1. 测定低碳钢的剪切屈服极限τ_s和剪切强度极限τ_b。
2. 测定铸铁的剪切强度极限τ_b。
3. 观察低碳钢和铸铁扭转时的变形现象和破坏形式。

5.3.2　实验仪器

1. 扭转试验机。
2. 游标卡尺。

5.3.3 实验试件

按照国家标准《金属材料 室温扭转试验方法》(GB/T 10128—2007)的规定，采用圆柱形截面的试件进行扭转实验，可以测出金属材料在室温受扭时的力学性能。金属扭转试件如图5.5所示。

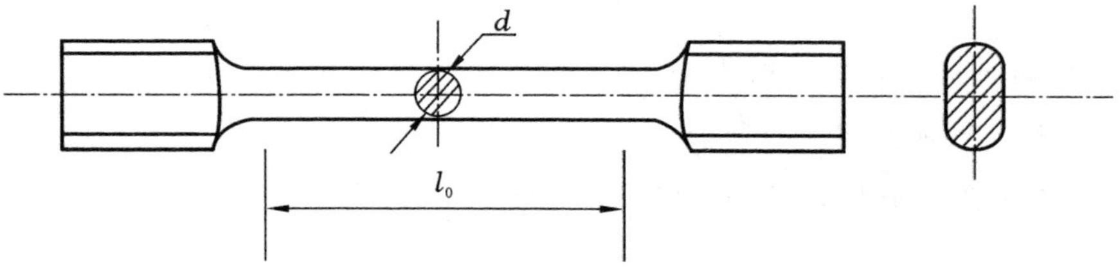

图5.5 金属扭转试件

5.3.4 实验原理

圆柱形试件在扭转时，试件表面应力状态如图5.6所示，横截面上沿直径方向的切应力和切应变如图5.6所示。

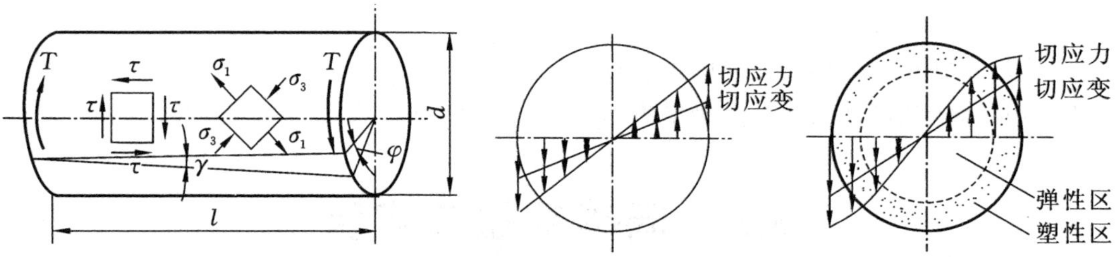

图5.6 试件表面、横截面应力状态

试件最大切应力和正应力绝对值相等，夹角为45°。因此，根据试件断裂方式可以明显区别是由切应力引起的破坏还是由正应力引起的破坏。若断面与试件轴线垂直，断口齐平，有回旋状塑性变形痕迹，这是切应力作用下的破坏，塑性材料常见这种断口。若断面与试件轴线呈45°螺旋状或斜形状，这是正应力作用下的破坏，脆性材料常见这种断口。

扭转实验就是将标准试件安装在扭转试验机上，沿试件的轴线方向施加扭矩，直至试件破坏。由扭转试验机测定出相应的扭矩值和转角值，并绘出扭矩-转角曲线图，即 T-φ 曲线图。通过对测量数据进行分析和计算，从而测试出材料受扭时的力学性能指标。

1. 低碳钢扭转实验

低碳钢试件的 M-φ 曲线，如图5.7所示。

图中起始直线段 OA 表明试件在这阶段中的 M 与 φ 成比例，截面上的切应力成线性分布，如图5.8(a)所示。此时横截面周边上的切应力达到了材料的剪切屈服极限 τ_s，相应的扭矩记为M_p。由于这时横截面内部的切应力小于 τ_s，故试件仍具有承载能力，M-φ 曲线呈继

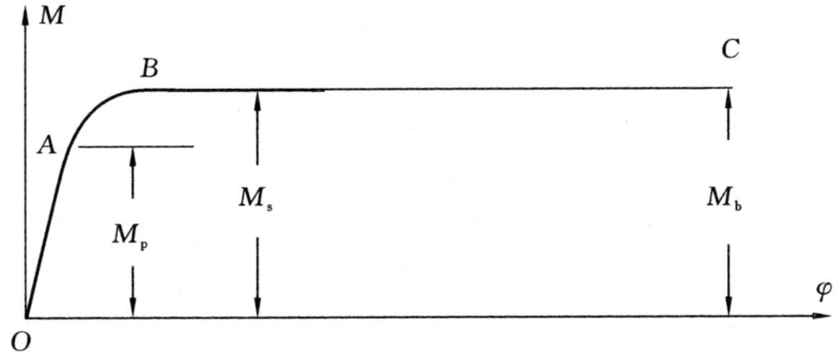

图 5.7 低碳钢扭转曲线图

续上升趋势。扭矩超过M_p后，截面上的切应力分布不再是线性的，如图 5.8(b)所示。在横截面上出现了一个环状塑性区，并随着 T 的增长，塑性区逐步向中心扩展，M-φ 曲线稍微上升，直至 B 点趋于平坦，截面上各点材料完全达到屈服，如图 5.8(c)所示。

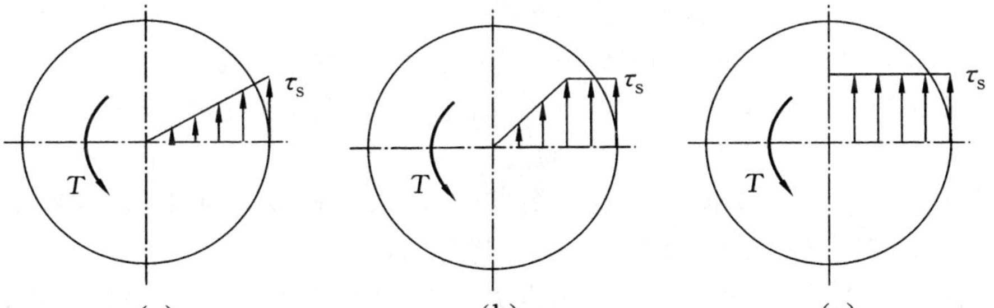

图 5.8 低碳钢扭转横截面切应力分布

根据静力平衡条件，可以求得 τ_s 与 M_s 的关系为

$$M_s=\int_A \rho\,\tau_s \mathrm{d}A \tag{5.3}$$

将式中 $\mathrm{d}A$ 用环状面积元素 $2\pi\rho\,\mathrm{d}\rho$ 表示，则有

$$M_s=2\pi\,\tau_s\int_0^{\frac{d}{2}}\rho^2\mathrm{d}\rho=\frac{4}{3}\,\tau_s\,W_n \tag{5.4}$$

故剪切屈服极限：

$$\tau_s=\frac{3\,M_s}{4\,W_n} \tag{5.5}$$

其中，$W_n=\dfrac{\pi\,d^3}{16}$是试件的抗扭截面模量。

对试件进行持续加载，试件持续变形，材料将进一步得到强化。由图 5.7 可知，当扭矩超过M_s后，转角 φ 增加很快，而 τ_s 增加很慢，BC 近似一根不通过坐标原点的直线。在 C 点时，达到最大扭矩M_b，试件被剪断，与式 5.5 相似，可得剪切强度极限

$$\tau_b = \frac{3M_b}{4W_n} \tag{5.6}$$

2. 铸铁扭转实验

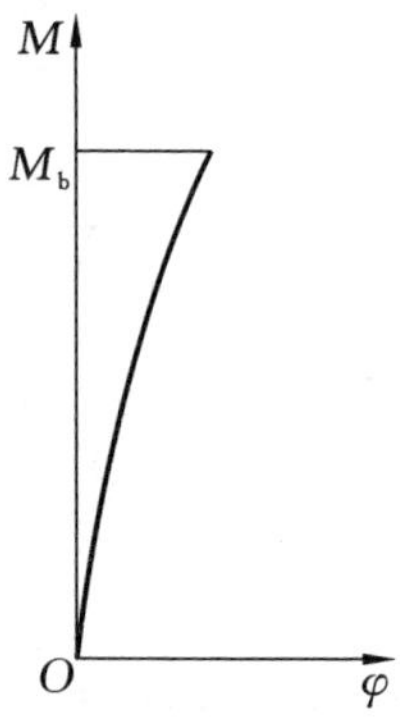

图 5.9 铸铁扭转曲线图

铸铁的 M-φ 曲线如图 5.9 所示。铸铁的 M-φ 曲线近似为一条过原点的直线,按近似弹性应力公式,其剪切强度极限

$$\tau_b = \frac{M_b}{W_n} \tag{5.7}$$

5.3.5 实验步骤

1. RNJ-500 型微机控制电子扭转试验机

(1) 接通计算机和扭转试验机电源。

(2) 双击计算机桌面上的“扭转试验机”图标,进入本软件系统。

(3) 点击菜单栏中“通讯”,选择“联机”。此时电子控制系统中的“扭矩窗口”显示“PC”。

(4) 点击菜单栏中“文件”—“新的实验”。

(5) 点击菜单栏中的“实验设置”。设置“环境参数”(班级、实验日期、实验员等),然后点击“下一步”,设置“运行参数”(实验速度、试样号等)。

(6) 装夹试件。先将试件一端装在固定夹头上,然后点击“快正转”或“快反转”来调整转动夹头的位置。

(7) 点击扭矩清零键和角度清零键。

(8) 点击“RUN”按钮,实验开始。实验过程中可在屏幕上观察实验曲线图、扭矩值和扭角值,并根据需要调整运行速度。实验过程中请勿远离试验机,万一发生紧急情况,请按下急停开关。

(9) 软件检测到试件断裂,会自动结束本次实验,打印实验报告。

(10) 实验结束后,关机、断电。

2. NDW-500 型微机控制电子扭转试验机

(1) 打开计算机、扭转试验机电源。

(2) 双击计算机桌面上的“Smart Test”图标,进入本软件系统。

(3) 设置实验参数:点击软件主界面上的“数据板”,按照实验要求输入相应的参数和数据,并按“保存数据”按钮保存实验前设定的参数值。

(4) 曲线坐标值设置:按“曲线板”右上方的“曲线坐标设置”按钮,将曲线坐标值设置到合适的值。

(5) 安装试件:移动活动夹具,进行装夹试件。若试件两端的角度不相对无法装夹,请按下控制柜上右侧的“左转”或“右转”按钮(此按钮为点动方式)进行调整;也可以从计算机上点击手动控制,在界面上选择旋转速度,然后点击界面上显示的正转(左转)、反转(右转)进行调整。

(6) 显示窗口清零:将显示窗口的值一律清零。

(7) 实验开始:打开"控制板"图标,显示控制板截面。将加载速度调整到合适的值(一般设定为 50)。按下"控制板"的"开始"按钮。实验开始后在曲线板上就能显示出相应的曲线图,各显示窗口显示出相应的参数。

(8) 软件检测到试件断裂,会自动结束本次实验。实验结束后"数据板"就会立即显示出所需数据,点击"保存"按钮进行数据保存。

(9) 打印实验报告:当实验完成后,可根据需要打印实验报告,点击"数据板"中的"打印机"图标,进入实验数据打印窗口,打开相应的打印模板文件名或者新建一个打印模板文件,再按照提示信息操作,即可打印出实验报告。

(10) 实验结束:关闭试验机主机电源,关闭计算机。

5.3.6 实验数据处理

1. 低碳钢

计算剪切屈服极限和剪切强度极限:

剪切屈服极限 τ_s	$\tau_s=\frac{3M_s}{4W_n}=$ (MPa)
剪切强度极限 τ_b	$\tau_b=\frac{3M_b}{4W_n}=$ (MPa)

2. 铸铁

计算剪切强度极限:

剪切强度极限 τ_b	$\tau_b=\frac{3M_s}{4W_n}=$ (MPa)

5.4 电阻应变片灵敏度系数标定实验

5.4.1 实验目的

掌握电阻应变片灵敏度系数 K 值的标定方法。

5.4.2 实验仪器设备和工具

1. 材料力学组合实验台中纯弯曲梁实验装置及部件。
2. 力 & 应变综合参数测试仪。

3. 游标卡尺、钢板尺、百分表三点挠度仪。

5.4.3 实验原理和方法

在进行标定时，一般采用一单向应力状态的生活间，通常采用纯弯曲梁或等强度梁。粘贴在试件上的电阻应变片在承受应变时，其电阻相对变化 $\Delta R/R$ 与 ε 之间的关系为：

$$\Delta R/R = K\varepsilon \tag{5.8}$$

因此，通过测量电阻应变片的 $\Delta R/R$ 和试件 ε，即可得到应变片的灵敏度系数 K。

实验采用矩形截面弯曲梁实验装置，如图 5.10(a)所示。

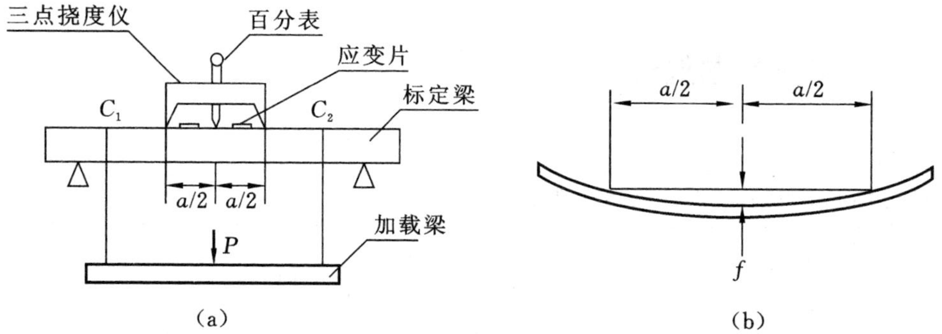

图 5.10 弯曲梁受力及变形

在梁弯曲段上表面沿梁轴线方向粘贴 2 片应变片，在 C_1C_2 段中间安装一个三点挠度仪。当梁弯曲时，由挠度仪上的百分表可读出测量挠度(即梁在三点挠度仪长度 a 的范围内的挠度)，如图 5.10(b)所示。根据材料力学公式和几何关系，可求出纯弯曲上下表面的轴向应变为：

$$\varepsilon = \frac{hf}{\left(\frac{a}{2}\right)^2 + f^2 + hf} \tag{5.9}$$

式中 h——标定梁高度；

a——三点挠度仪长度；

f——挠度。

应变片的电阻的相对变化 $\Delta R/R$ 可用高精度的电阻应变仪测定。设电阻应变仪的灵敏系数为 K_0，读数为 ε_d，则：

$$\Delta R/R = K_0\varepsilon_d \tag{5.10}$$

由前面的式子可得到应变片灵敏度系数 K：

$$K = \frac{\Delta R/R}{\varepsilon} = \frac{K_0\varepsilon_d}{hf}(a^2 + f^2 + hf) \tag{5.11}$$

在标定应变片灵敏度系数时，一般把应变仪的灵敏度系数调至 $K_0 = 2.00$，并采用分级加载方式测量在不同荷载下应变片的读数 ε_d 和梁在三点挠度仪长度 a 范围内的挠度 f。

5.4.4 实验步骤

1. 设计好本实验所需的各类数据表格。

2. 测量弯曲梁的有关尺寸和三点挠度仪长度 a，见表 5.1。

3. 拟定加载方案。先选取适当的初荷载 P_0（一般取 $P_0=10\%P_{max}$ 左右），确定三点挠度仪上百分表的初读数，估算最大荷载 P_{max}（该实验荷载范围 $P_{max}\leqslant 4000$ N），确定三点挠度仪上百分表的增量读数，一般分 4～6 级加载。

4. 实验采用多点测量中的半桥单臂公共补偿接线法。将弯曲梁上各点应变片按序号接到电阻应变仪测试通道上，温度补偿片接电阻应变仪公共补偿端，调节好电阻应变仪灵敏度系数，使 $K_0=2.00$。

5. 按实验要求接好线，调整好仪器，检查整个系统是否处于正常工作状态。

6. 实验加载。用均匀慢速加载至初荷载 P_0。记下各点应变片和三点挠度仪的初读数；然后逐级加载，每增加一级荷载，依次记录各点电阻应变仪的 ε_i 及三点挠度仪的 f_i，直到最终荷载。实验至少重复三次，数据表格见表 5.2。

7. 做完实验后，卸掉荷载，关闭电源，整理好所用仪器设备，清理实验现场，将所用仪器设备复原，实验资料交指导教师检查签字。

表 5.1 试件相关数据

试件数据及有关参数	
标定梁高度	$h=25$ mm
标定梁宽度	$b=15$ mm
三点挠度仪长度	$a=200$ mm
电阻应变仪灵敏系数(设置值)	$K_0=2.00$
弹性模量	$E=206$ GPa
泊松比	$\mu=0.28$

表 5.2 实验数据

荷载/N		P	1500	2000	2500	3000	3500	4000
		ΔP	500	500	500	500	500	
应变仪读数/$\mu\varepsilon$	R_1	ε_1						
		$\Delta\varepsilon_1$						
		平均值						

续表5.2

<table>
<tr><td rowspan="2">荷载/N</td><td colspan="2">P</td><td colspan="2">1500</td><td colspan="2">2000</td><td colspan="2">2500</td><td colspan="2">3000</td><td colspan="2">3500</td><td colspan="2">4000</td></tr>
<tr><td colspan="2">ΔP</td><td colspan="3">500</td><td colspan="2">500</td><td colspan="2">500</td><td colspan="2">500</td><td colspan="3">500</td></tr>
<tr><td rowspan="9">应变仪读数/$\mu\varepsilon$</td><td rowspan="3">R_2</td><td>ε_2</td><td colspan="2"></td><td colspan="2"></td><td colspan="2"></td><td colspan="2"></td><td colspan="2"></td><td colspan="2"></td></tr>
<tr><td>$\Delta\varepsilon_2$</td><td colspan="3"></td><td colspan="2"></td><td colspan="2"></td><td colspan="2"></td><td colspan="3"></td></tr>
<tr><td>平均值</td><td colspan="12"></td></tr>
<tr><td rowspan="3">R_3</td><td>ε_3</td><td colspan="2"></td><td colspan="2"></td><td colspan="2"></td><td colspan="2"></td><td colspan="2"></td><td colspan="2"></td></tr>
<tr><td>$\Delta\varepsilon_3$</td><td colspan="3"></td><td colspan="2"></td><td colspan="2"></td><td colspan="2"></td><td colspan="3"></td></tr>
<tr><td>平均值</td><td colspan="12"></td></tr>
<tr><td rowspan="3">R_4</td><td>ε_4</td><td colspan="2"></td><td colspan="2"></td><td colspan="2"></td><td colspan="2"></td><td colspan="2"></td><td colspan="2"></td></tr>
<tr><td>$\Delta\varepsilon_4$</td><td colspan="3"></td><td colspan="2"></td><td colspan="2"></td><td colspan="2"></td><td colspan="3"></td></tr>
<tr><td>平均值</td><td colspan="12"></td></tr>
<tr><td rowspan="3">挠度值</td><td colspan="2">f</td><td colspan="2"></td><td colspan="2"></td><td colspan="2"></td><td colspan="2"></td><td colspan="2"></td><td colspan="2"></td></tr>
<tr><td colspan="2">Δf</td><td colspan="3"></td><td colspan="2"></td><td colspan="2"></td><td colspan="2"></td><td colspan="3"></td></tr>
<tr><td colspan="2">平均值</td><td colspan="12"></td></tr>
</table>

5.4.5 实验结果处理

1. 取应变仪读数计算应变增量的平均值，计算每个应变片的灵敏系数 K_i：

$$K_i=\frac{\Delta R/R}{\varepsilon}=\frac{K_0\varepsilon_{\mathrm{d}}}{hf}(a^2+f^2+hf)\quad (i=1,\cdots,4) \tag{5.12}$$

2. 计算应变片的平均灵敏系数 K：

$$K=\frac{\sum K_i}{n}\quad (i=1,\cdots,n) \tag{5.13}$$

3. 计算应变片灵敏度系数的标准差 S：

$$S=\sqrt{\frac{1}{n-1}\sum(K_i-K)^2}\quad (i=1,\cdots,n) \tag{5.14}$$

5.5 型梁纯弯曲正应力的分布规律实验

5.5.1 实验目的

1. 熟悉电阻应变测量技术的基本原理和方法；

2. 测量 T 形截面上的正应力；

3. 熟悉各种平面图形的几何性质的分析方法，比较在各种截面上的正应力分布规律。

5.5.2 实验装置

如图 5.11(a)所示，纯弯曲梁及 T 工字形梁截面材料为 45 钢调质处理，弹性模量 $E=210\ \text{GPa}$，在其长度方向上分别制成矩形截面、工字形截面和 T 形截面，每种梁的侧面沿与轴线平行的不同高度上均粘贴有单向应变片，每种截面的尺寸及应变片位置如图 5.11(a)所示。通过材料力学多功能实验装置如图 5.11(b)实现等量逐级加载，荷载大小由数字载荷显示仪显示。

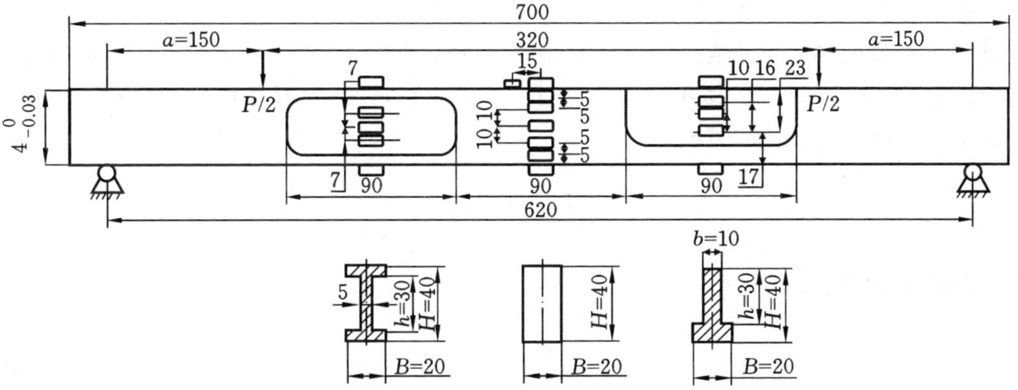

(a)

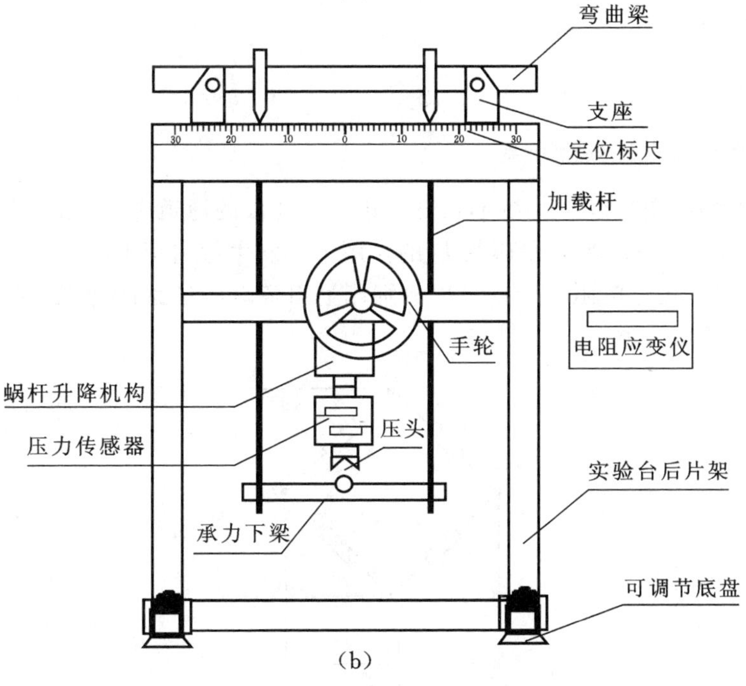

(b)

图 5.11 纯弯曲梁图例及实验装置

(a)梁截面；(b)纯弯曲梁实验装置

5.5.3 实验原理与方法

在荷载 P 的作用下梁发生弯曲变形，三种截面所承受的弯矩均为：

$$M=\frac{1}{2}P\cdot a \tag{5.15}$$

横截面上的正应力理论计算公式为：

$$\sigma_{理}=\frac{M\cdot y}{I_z} \tag{5.16}$$

式中 y——欲求应力点到中性轴的距离。

对于矩形截面和工字形截面，梁的中性轴（z 轴）位置均在其几何中心线上，但 T 形截面梁的中性轴（z 轴）位置不在其几何中心线上，通过计算可得 T 形截面的中性轴。各截面的惯性矩 I_z 为矩形截面的惯性矩：

$$I_z=\frac{1}{12}BH^3 \tag{5.17}$$

工字形截面的惯性矩：

$$I_z=\frac{1}{12}(BH^3-bh^3) \tag{5.18}$$

T 形截面的惯性矩：

$$I_z=\int_{-y_0}^{-y_0+10}By^3\mathrm{d}y+\int_{-y_0+10}^{40-y_0}by^3\mathrm{d}y \tag{5.19}$$

式中 y_0——底边到中性轴的距离。

将每段梁上的应变片以 1/4 桥形式分别接入应变仪的通道中，共用一个温度补偿片，组成如图 5.12 所示的电桥。当梁在荷载 P 的作用下梁发生弯曲变形时，工作片的电阻随着梁的变形而发生变化，通过电阻应变仪可以分别测量出各对应位置的应变量 $\varepsilon_{实}$。根据胡克定律可计算出相应的应力值：

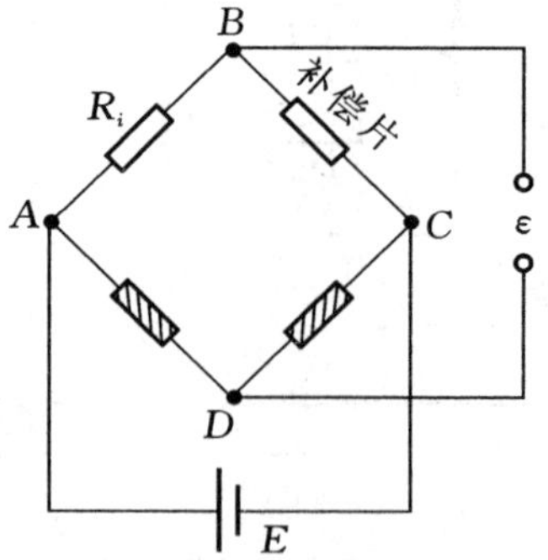

图 5.12 1/4 **桥接法**

$$\sigma_{实}=E\cdot\varepsilon_{实} \tag{5.20}$$

5.5.4 实验步骤

1. 分别测量梁的各个截面尺寸、应变片位置参数及其他有关尺寸，预热应变仪和荷载显示仪。计算中性轴位置及各个截面的惯性矩 I_z。

2. 检查各种仪器是否连接好，按顺序将各个应变片按图 5.12 所示的 1/4 桥接法接入应变仪的所选通道上。

3. 逐一将应变仪的所选通道电桥调平衡。

4. 摇动多功能实验装置的加载机构，采用等量逐级加载(可取 $\Delta P=1$ kN)，每加一级荷载，分别读出各相应电阻应变片的应变值。加载应保持缓慢、均匀、平稳。

5. 将实验数据记录在实验报告的相应表格中。

6. 整理仪器，结束实验。

5.6 复合梁应力测定实验(钢钢、铝铝、钢铝三种任选)

5.6.1 实验目的

1. 用电测法测定复合梁在纯弯曲受力状态下，沿其横截面高度的正应变(正应力)分布规律；

2. 推导复合梁的正应力计算公式。

5.6.2 实验仪器和设备

实验装置一台(复合梁)。

5.6.3 实验原理和方法

复合梁实验装置与纯弯曲梁实验装置相同，只是将纯弯曲梁换成复合梁，复合梁所用材料为 45 号钢，其弹性模量为 $E=210\ \mathrm{GN/m^2}$。复合梁受力状态和应变片粘贴位置如图 5.13 所示，共 8 个应变片。复合梁受力简图如图 5.14 所示。

设：$E_2/E_1=n$

$$\frac{1}{\rho}=\frac{M}{E_1I_{Z_1}+E_2I_{Z_2}} \tag{5.21}$$

式中 I_{Z_1}——梁 1 截面对中性 Z 轴的惯性矩；

I_{Z_2}——梁 2 截面对中性 Z 轴的惯性矩。

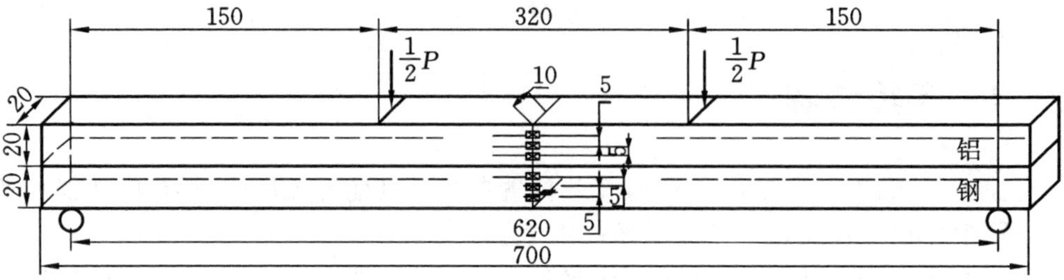

图 5.13　复合梁

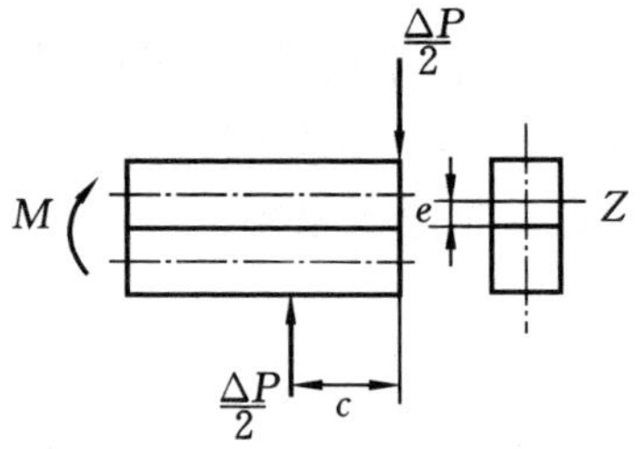

图 5.14　复合梁受力简图

中性轴位置的偏移量为：

$$e=\frac{h(n-1)}{2(n+1)} \tag{5.22}$$

因此，可得到梁 1 和梁 2 正应力计算公式分别为：

$$\sigma_1=E_1\ \frac{Y}{\rho}=\frac{E_1MY}{E_1I_{Z_1}+E_2I_{Z_2}} \tag{5.23}$$

$$\sigma_2=E_2\ \frac{Y}{\rho}=\frac{E_2MY}{E_1I_{Z_1}+E_2I_{Z_2}} \tag{5.24}$$

式中　h——复合梁高；

Y——测点距 Z 轴的距离。

在复合梁的纯弯曲段内，沿复合梁的横截面高度已粘贴一组应变片，见图 5.13。当梁受载后，可由应变仪测得每片应变片的应变，即得到实测的沿复合梁横截面高度的应变分布规律，由单向应力状态的胡克定律公式 $\sigma=E\varepsilon$，可求出应力实验值。应力实验值与应力理论值进行比较，以验证复合梁的正应力计算公式。

5.6.4　实验步骤

1. 本实验取初始荷载 $P_0=0.1$ kN(500 N)，$P_{\max}=2$ kN(2000 N)，$\Delta P=0.5$ kN(500 N)，共分四次加载；

2. 加初始荷载 0.1 kN(100 N)，将各通道初始应变均置为零；

3. 逐级加载，记录各级荷载作用下每片应变片的应变值。

5.7 斜弯曲梁受力分析实验

5.7.1 实验目的

1. 熟悉电阻应变测量技术的基本原理和方法；
2. 测定矩形截面悬臂斜弯曲梁各点的应力大小；
3. 分析荷载的作用方向，确定斜弯曲梁的中性层位置。

5.7.2 实验仪器设备和工具

1. 多功能材料力学实验台；
2. 静态电阻应变综合测试仪；
3. 斜弯曲梁（已粘贴好应变片）；
4. 游标卡尺和钢板尺。

5.7.3 实验装置

矩形截面悬臂斜弯曲梁结构如图 5.15 所示，矩形截面长边 $a=25$ mm，短边 $b=12$ mm。材料为 45 钢调质，其弹性模量 210 GPa。通过多功能力学实验装置加载机构实现等量逐级加载，荷载大小由数字荷载显示仪显示，荷载作用线距梁固定端的距离 $l=298$ mm，测点距固定端的距离 $x=80$ mm，测点 A、B、C、D、E、F、G、H 处分别贴有一单向应变片，位置如图 5.16 所示。

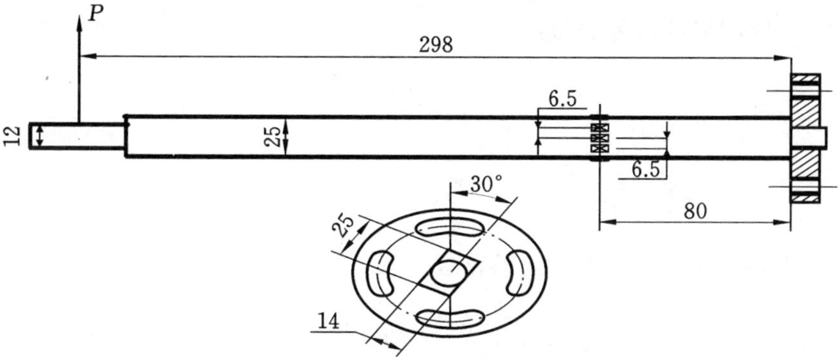

图 5.15 矩形悬臂斜弯曲梁结构

5.7.4 理论分析

1. 荷载作用在矩形梁的纵向对角截面内

如图 5.16(a)所示，建立坐标系，将集中力 P 沿 y 轴和 z 轴方向分解，得

$$P_y = P\sin\varphi \tag{5.25}$$

$$P_z = P\cos\varphi \tag{5.26}$$

式中 $\varphi = \arctan\dfrac{b}{a}$，为荷载作用线与 z 轴的夹角，a 为梁高；b 为梁宽。

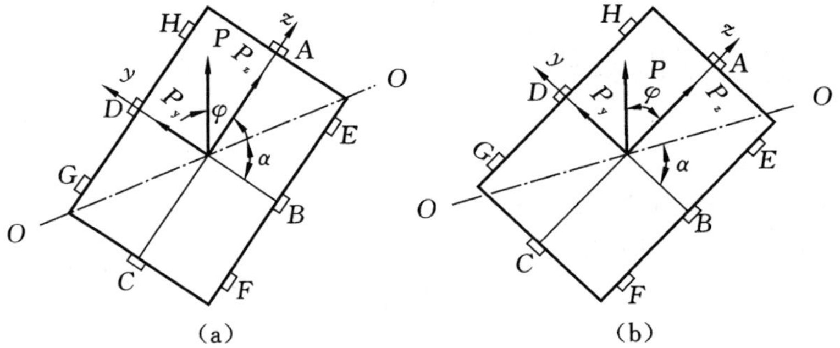

图 5.16 矩形截面悬臂斜弯曲梁应力分析

P_y 将使梁在平面 xy 内发生弯曲；而 P_z 将使梁在平面 xz 内发生弯曲，它们在梁的任意横截面 mn 上引起的弯矩分别为：

$$M_y = P(l-x)\sin\varphi = M\sin\varphi \tag{5.27a}$$

$$M_z = P(l-x)\cos\varphi = M\cos\varphi \tag{5.27b}$$

式中 $M = P(l-x)$。

截面对 y 轴及 z 轴的惯性矩分别为：

$$I_y = \frac{ba^3}{12} \tag{5.28a}$$

$$I_z = \frac{ab^3}{12} \tag{5.28b}$$

集中力 P 在横截面 mn 任意点上引起的正应力为：

$$\sigma = M\left(\frac{\sin\varphi}{I_z}\cdot y + \frac{\cos\varphi}{I_y}\cdot z\right) \tag{5.29}$$

由于中性层上的正应力

$$\sigma = M\left(\frac{\sin\varphi}{I_z}\cdot y_0 + \frac{\cos\varphi}{I_y}\cdot z_0\right) = 0 \tag{5.30}$$

式中 (x_0, y_0) 为中性层上任一点的坐标。

可求得荷载作用在矩形梁的一个纵向对角截面内时，中性层 $O—O$ 与 y 轴的夹角

$$\tan\alpha = \frac{z_0}{y_0} = -\frac{I_y}{I_z}\tan\varphi \tag{5.31}$$

如图 5.16(a)所示，中性层位置即为另一纵向对角面。

2. 荷载作用在过梁截面中心的任意方向

如图 5.16(b)所示，建立坐标系，将集中力 P 沿 y 轴和 z 轴方向分解，得

$$P_y = P\sin\varphi \tag{5.32a}$$

$$P_z = P\cos\varphi \tag{5.32b}$$

它们在梁的任意截面 mn 上引起的弯矩分别为

$$M_y = P(l-x)\sin\varphi = M\sin\varphi \tag{5.33}$$

$$M_z = P(l-x)\cos\varphi = M\cos\varphi \tag{5.34}$$

式中 $M = P(l-x)$，φ 为荷载作用线与 z 轴的夹角，是未知量。

由于

$$\sigma_A = M\frac{\cos\varphi}{I_y}\cdot z \text{ 或 } \sigma_B = M\frac{\sin\varphi}{I_z}\cdot y \tag{5.35}$$

若测得 A、B、C、D 任一点的正应力，则可求得 φ。

中性层 $O—O$ 与 y 轴的夹角

$$\tan\alpha = \frac{z_0}{y_0} = -\frac{I_y}{I_z}\tan\varphi = -\frac{3}{2}\frac{\sigma_B}{\sigma_A} \tag{5.36}$$

5.7.5 应变实验测量

1. 安装矩形截面悬臂斜弯曲梁，使其纵向对角面处于正立面位置。采用1/4桥接法，分别将 A、B、C、D、E、F、G、H 点的单向应变片如图 5.16 接入应变仪，等量逐级加载，测得每次荷载下的各点应变，计算各点在荷载作用下的应力大小，并与理论值进行比较。

2. 矩形截面悬臂斜弯曲梁绕其轴线旋转任意角度后安装固定，选择半桥单臂接法如图 5.17 所示。

3. A、B、C、D 点的一个或多个单向应变片，采取适当的接桥方式接入应变仪，等量逐级加载，测得每次荷载下的各点应变，计算荷载作用线与 z 轴的夹角 φ 和中性层 $O—O$ 与 y 轴的夹角 α。

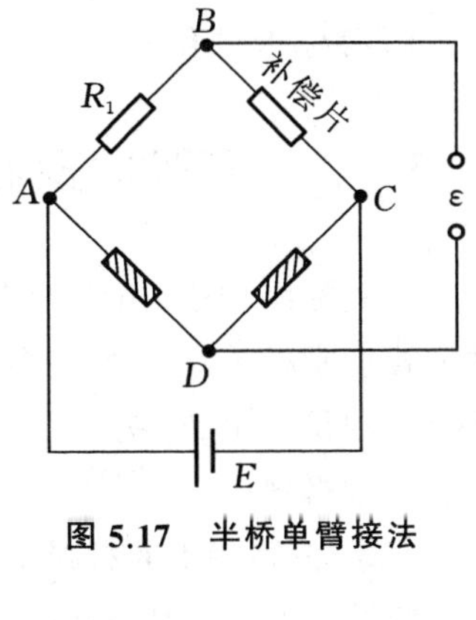

图 5.17 半桥单臂接法

5.7.6 实验步骤

1. 分别测量梁的各个截面尺寸、应变片位置参数及其他有关尺寸，预热应变仪和荷载显示仪。

2. 检查各种仪器是否连接好，按顺序将各个应变片以 1/4 桥接法接入应变仪的所选通道上。

3. 逐一将应变仪的所选通道电桥调平衡。

4. 摇动多功能实验装置的加载机构，采用等量逐级加载(可取 $\Delta P=100$ N)，估算最大荷载 $P_{max}\leqslant 500$ N，每加一级荷载，分别读出各相应电阻应变片的应变值。加载应保持缓慢、均匀、平稳。

5. 将实验数据记录在实验报告的相应表格中。

6. 整理仪器，结束实验。

5.8 组合叠梁应力测定实验(钢钢、铝铝任选)

5.8.1 实验目的和要求

1. 测定叠梁组合在一起做纯弯曲时，梁高度各点正应力的大小及分布规律，并与理论值作比较。

2. 通过实验测定和理论分析，了解一种材料组合梁的内力及应力分布的差别。

5.8.2 实验设备和仪器

1. 静态应变测试仪。

2. 游标卡尺和钢尺等(自配)。

5.8.3 实验原理和方法

在实际结构中，由于工作需要，把单一的梁、板、柱等构件组合起来，形成另一种新的构件形式经常被采用。如支承车架的板簧，是由多片微弯的钢板重叠组合而成；厂房的吊车的承重梁则是由钢轨、钢筋混凝土梁共同承担吊车和重物的重量。实际中的组合梁的工作状态是复杂多样的，为了便于在实验室进行实验，实验仅选择两根截面面积相同的矩形梁，按以下方式进行：用不同材料组成叠梁；用电测法测定其应力分布规律，观察单独两材料梁应力分布的异同点。钢梁弹性模量为 210 GN/m^2 左右，铝梁弹性模量为70 GN/m^2 左右，见图 5.18。

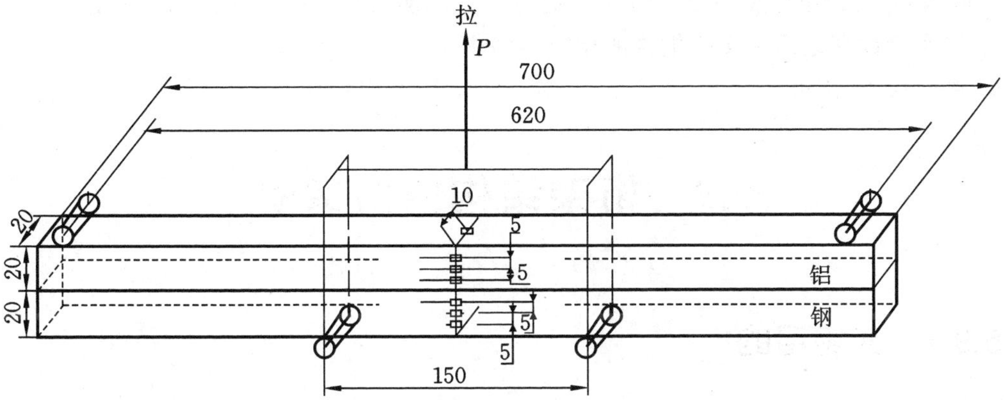

图 5.18 叠梁外形与应变片分布

叠梁横截面弯矩：$M=M_1+M_2$

$$\frac{1}{\rho}=\frac{M_1}{E_1 I_{Z_1}}=\frac{M_2}{E_2 I_{Z_2}}=\frac{M}{E_1 I_{Z_1}+E_2 I_{Z_2}} \tag{5.37}$$

式中 I_{Z_1}——铝梁截面对 Z_1 轴的惯性矩；

I_{Z_2}——钢梁截面对 Z_2 轴的惯性矩。

因此，可得到铝梁和钢梁正应力计算公式分别为：

$$\sigma_1=E_1\frac{Y_1}{\rho}=\frac{E_1 M_1 Y_1}{E_1 I_{Z_1}+E_2 I_{Z_2}} \tag{5.38}$$

$$\sigma_2=E_2\frac{Y_2}{\rho}=\frac{E_2 M_2 Y_2}{E_1 I_{Z_1}+E_2 I_{Z_2}} \tag{5.39}$$

式中 Y_1——铝梁上测点距 Z_1 轴的距离；

Y_2——钢梁上测点距 Z_2 轴的距离。

由此可知，当叠梁的材质和惯性矩相同时，弯矩是由参与叠梁的根数进行等分配的；当材料不同时，其弯矩是依据抗弯刚度来进行分配的。因此，材质不同的两根梁组成的叠梁（惯性矩相等），在离各自中性层等距离点的应力是不等的。弹性模量大的材质应力较大，反之，弹性模量小的材质，应力则小。

5.8.4 实验步骤

1. 分别测量梁的各个截面尺寸、应变片位置参数及其他有关尺寸，预热应变仪和荷载显示仪。计算中性轴位置及各个截面的惯性矩 I_z。

2. 检查各种仪器是否连接好，按顺序将各个应变片按 1/4 桥接法接入应变仪的所选通道上。

3. 逐一将应变仪的所选通道电桥调平衡。

4. 摇动多功能实验装置的加载机构，采用等量逐级加载（可取最终荷载 $P=2$ kN），每级荷载 500 N，分别读出各相应电阻应变片的应变值。加载应保持缓慢、均匀、平稳。

5. 将实验数据记录在实验报告的相应表格中。

6. 整理仪器，结束实验。

5.9 桁架结构内力实验

5.9.1 实验目的

1. 用电测法测定桁架内力，并与理论值进行比较。
2. 进一步掌握电测法。

5.9.2 实验仪器设备和工具

1. 多功能材料力学实验台。
2. 静态电阻应变综合测试仪。
3. 桁架梁(已粘贴好应变片)。
4. 游标卡尺和钢板尺。

5.9.3 实验原理和方法

本实验台应用于理论力学实验，方便学生对课本理论学习的认识，桁架受力分析如图 5.19 所示。

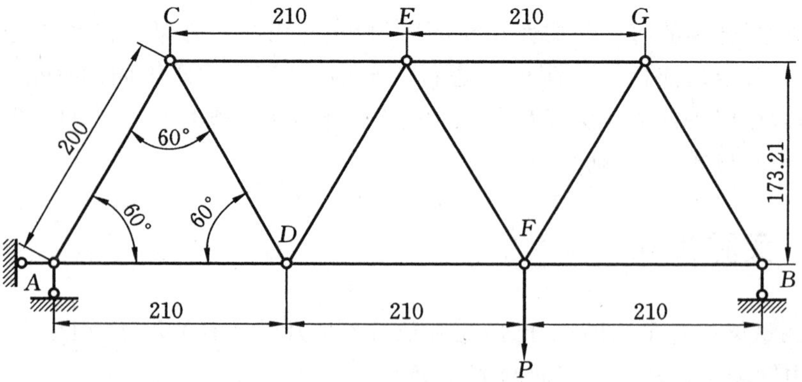

图 5.19 桁架受力图

5.9.4 实验步骤、方法及注意事项

首先将桁架梁放入支座中，然后将销子插入桁架梁的孔中固定，再将中间加载的连接件用销钉插好，加载时看好加载指示牌进行加载，并看好仪器测力指示进行加载。

本实验台可对不同的连接形式进行对比测试。实验台由桁架、力传感器、测力仪组成。蜗轮蜗杆加载，试件更换方便。实验时先加载 200 N 的预荷载，然后等量加载 500 N 加载四级，最终加载 2000 N，从贴在各杆中间上的应变片读取应变，从而计算出各杆上的应力，研究应力分布情况。

将被测杆件上的电阻应变计与温度补偿块的电阻应变片按全桥方式接入静态电阻测力仪，并请老师检查。

打开应变仪预热 20 min，把传感器的连接头按插槽的方向插入应变仪，并在仪器上设置好单位(t、kg、kN、N)灵敏度、满量程及报警值，以及应变片灵敏度 K 值。预热后加预载，将应变及力值清零。待电桥平衡后，开始正式缓慢加载并读取应变值。实验重复 3～5 次，最后将应变取平均值。

5.9.5 实验报告要求

1. 记录实验内容、实验日期。
2. 记录实验设备、仪器的名称、型号。
3. 绘制实验简图。
4. 填写实验记录及数据处理表格。
5. 对实验结果进行分析与讨论，并结合理论结果与实验条件进行误差分析。

6 实验数据的统计分析

6.1 有 效 数 字

6.1.1 测量值的有效数字位数

在测量数据的表示和计算中，确定用几位有效数字是很重要的，它取决于测量手段（量具、仪器、仪表）的分辨率。测量时应估读到仪表刻度上最小分格的分数，测量值的原始数据只应保留一位不确定数字。如用精度为 0.02 mm 的游标卡尺测量试样直径d_0，其读数为 10.12 mm，末位数 2 是估读的，它可能有上下一个单位的出入，因此是不准确的。

6.1.2 有效数字的运算法则

处理实验数据时，往往需要对不同精度的有效数字进行运算，既要保证必要的精度，又要避免过繁的计算。原则上，运算值只应保留一位不确定数字。

1. 记录测量值时，只保留一位可疑数字（即估读数）。

2. 加减运算时，对参加运算的各测量值应统一小数点后的位数，并且是以各测量值中小数点的位数最少者为准。如 12.43＋16.2＋13.012 应写为 12.4＋16.2＋13.0＝41.6，而不应写为 41.642。

3. 乘除（包括乘方、开方）运算时，各因子保留的位数以有效位数最少的为准，运算结果保留的位数也只能与各因子中位数最少的相同。如为不同单位的量相乘除后得到的复合单位量，则各因子可保留原有位数进行运算，所得结果的位数，按该物理量的常有精度确定。如用拉伸实验测量低碳钢的屈服点$R_{eL}(\sigma_s)$，现测得试样原始直径$d_0=10.04$ mm，屈服荷载为$F_{eL}=18.4$ kN，根据《金属材料 拉伸试验 第 1 部分：室温试验方法》（GB/T 228.1—2010），其横截面积A由 79.17 mm^2修约为 79.2 mm^2，$R_{eL}(\sigma_s)$由 232.3 N/mm^2修约为230 N/mm^2。

4. 对于四个以上的数据，其算术平均值的有效数字可增加一位。

5. 表示精度时，一般只取一位有效数字，最多两位。

6.1.3 实验数据的尾数处理及修约规则

根据《数值修约规则与极限数值的表示和判定》（GB/T 8170—2008），对实验数据、计算的数据进行修约，按照下列“四舍五入”规则进行。

1. 确定修约间隔

(1) 指定修约间隔为 10^{-n}（n 为正整数），或指明将数值修约到 n 位小数。

(2) 指定修约间隔为 1，或指明将数值修约到“个”数位。

(3) 指定修约间隔为 10^{n}（n 为正整数），或指明将数值修约到“十”数位，或指明将数值修约到“十”“百”“千”……数位。

2. 进舍规则

(1) 拟舍弃数字的最左一位数字小于 5，则舍去，保留其余各位数字不变。例：将 12.1498修约到个数位，得 12；将 12.1498 修约到一位小数，得 12.1。

(2) 拟舍弃数字的最左一位数字大于 5，则进一，即保留数字的末位数字加 1。例：1268 修约到“百”数位，得 13×10^{2}（特定场合可写为 1300）。注：本标准示例中，“特定场合”系指修约间隔明确时。

(3) 拟舍弃数字的最左一位数字是 5，且其后有非 0 数字时进一，即保留数字的末位数字加 1。例：将 10.5002 修约到个数位，得 11。

(4) 拟舍弃数字的最左一位数字为 5，且其后无数字或皆为 0 时，若所保留的末位数字为奇数(1、3、5、7、9)则进一，即保留数字的末位数字加 1；若所保留的末位数字为偶数(0、2、4、6、8)，则舍去。

例 1：修约间隔为 0.1(或 10^{-1})。

拟修约数值	修约值
1.050	10×10^{-1}（特定场合可写为 1.0）
0.35	4×10^{-1}（特定场合可写为 0.4）

例 2：修约间隔为 1000(或 10^{3})。

拟修约数值	修约值
2500	2×10^{3}（特定场合可写为 2000）
3500	4×10^{3}（特定场合可写为 4000）

(5) 负数修约时，先将其绝对值按(1)～(4)的规定进行修约，然后在所得值前面加上负号。

例 1：将下列数字修约到“十”数位。

拟修约数值	修约值
−355	-36×10（特定场合可写为 −360）
−325	-32×10（特定场合可写为 −320）

例 2：将下列数字修约到三位小数，即修约间隔为 10^{-3}。

拟修约数值	修约值
−0.0365	-36×10^{-3}（特定场合可写为 −0.036）

3. 不允许连续修约

(1) 拟修约数字应在确定修约间隔或指定修约数位后一次修约获得结果，不得多次按前面的进舍规则连续修约。

例 1：修约 97.46，修约间隔为 1。

正确的做法：97.46→97；

不正确的做法：97.46→97.5→98.0。

例 2：修约 15.4546，修约间隔为 1。

正确的做法：15.45466→15；

不正确的做法：15.45466→15.455→15.46→15.5→16。

（2）在具体实施过程中，有时测试与计算部门先将获得数值按指定的修约数位多一位或几位报出，而后由其他部门判定。为避免产生连续修约的错误，应按下述步骤进行：

① 报出值最右的非零数字为 5 时，应在数值右上角加“＋”或加“－”，或不加符号，分别表明已进行过舍、进或未舍未进。

例：16.50^{+} 表示实际值大于 16.50，经修约舍弃为 16.50；16.50^{-} 表示实际值小于 16.50，经修约进一为 16.50。

② 如需对报出值进行修约，当拟舍弃数字的最左一位数字为 5，且其后无数字或皆为零时，数值右上角有“＋”者进一，有“－”者舍去，其他仍按前面的进舍规则进行。

例：将下列数字修约到个数位（报出值多留一位至一位小数）。

实测值	报出值	修约值
15.4546	15.5	15
－15.4546	-15.5^{-}	－15
16.5203	16.5^{+}	17
－16.5203	-16.5^{+}	－17
17.5000	17.5	18

4. 0.5 单位修约与 0.2 单位修约

对数值进行修约时，若有必要，也可采用 0.5 单位修约或 0.2 单位修约。

（1）0.5 单位修约（半个单位修约）。

① 0.5 单位修约是指按指定修约间隔对拟修约的数值 0.5 单位进行的修约。

② 0.5 单位修约方法如下：将拟修约数值 X 乘以 2，按指定修约间隔对 2X 依前面的进舍规则进行修约，所得数值（2X 修约值）再除以 2。

例：将下列数字修约到“个”数位的 0.5 单位修约。

拟修约数值 X	2X	2X 修约值	X 修约值
60.25	120.50	120	60.0
60.38	120.76	121	60.5
60.28	120.56	121	60.5
－60.75	－121.50	－122	－61.0

（2）0.2 单位修约。

① 0.2 单位修约是指按指定修约间隔对拟修约的数值 0.2 单位进行的修约。

② 0.2 单位修约方法如下：将拟修约数值 X 乘以 5，按指定修约间隔对 5X 依前面的进舍规则进行修约，所得数值（5X 修约值）再除以 5。

例：将下列数字修约到“百”数位的0.2单位修约。

拟修约数值X	5X	5X修约值	X修约值
830	4150	4200	840
842	4210	4200	840
832	4160	4200	840
－930	－4650	－4600	－920

6.2 实验误差

6.2.1 实验误差分析的目的

实验误差分析的目的在于解决以下两个方面的问题：

（1）根据实验误差的来源，正确地处理实验数据，使其最大限度地反映真值。

（2）根据实验的目的和要求，确定实验中各物理量量测的精度，即设计采用什么样精度的仪器以达到要求。

6.2.2 实验误差的分类

实验中产生的误差，按其性质可分为三大类，即粗大误差、系统误差和偶然误差。

1. 粗大误差

由于实验者在量测或计算时粗心大意而造成的数值很大的误差称为粗大误差。粗大误差的出现一般是偶然的，符号不定，数值很大，它的存在显著地歪曲了测量的结果。没有剔除粗大误差的实测结果是不能采用的，否则会导致错误的结论。

2. 系统误差

系统误差也称经常误差，其特点是在整个量测过程中始终有规律地存在。系统误差可以是一个定值，也可以是按一定规律变化的变量。系统误差一般不会太大，但不易发现，且不能依靠增加量测的次数减小或消除。其来源有：

（1）工具误差：由测量仪器或工具结构的不完善或零部件制造时的缺陷与偏差造成的。

（2）调整误差：由测量前未能将仪器安装在正确的位置造成的。

（3）习惯误差：由实验观测者特有的感觉特点造成的。

（4）条件误差：由实验过程中条件变化造成的。

（5）方法误差：由采用的测量方法或数学处理方法不完善造成的。

3. 偶然误差

偶然误差是由许多暂时尚未被掌握但影响微小的规律，或一时不便于控制的微小因素所造成的误差，其大小和符号具有偶然性质，不能事先得知，因此无法在测量数据中予以修正或消除，又称为随机误差。偶然误差通常由下列三个方面的原因造成：

(1) 测量工具带来的误差。

(2) 测量方法带来的误差。

(3) 测量条件带来的误差。

在以上三种实验误差中，粗大误差和系统误差可以通过采取一定的措施予以消除，而偶然误差的出现是无法防止的，但可以根据误差理论加以控制，减小其对实验结果的影响，因此偶然误差是误差理论的研究对象。

6.2.3 误差的表示

误差可用绝对误差和相对误差两种基本方式来表示。

1. 绝对误差：绝对误差就是某量值的测量值与真值(或约定真值)之差。一般所说的误差就是绝对误差。由于实际测量值可能大于或小于被测量值的真值，故绝对误差可以为正值或负值。

2. 相对误差：相对误差是绝对误差与被测量的真值的比值，一般用百分比(%)表示。

6.2.4 误差对实验结果的影响

误差的存在会直接影响实验结果与真实值的接近程度。通常用于表示这种接近程度的量称为精度，它与误差大小是相对应的。即测量的精度越高，其测量误差就越小；反之，测量精度越低，则测量误差越大。

1. 系统误差和随机误差的影响

系统误差和随机误差的性质不同，对精度的影响表现在准确度和精密度两个方面。

(1) 准确度：反映系统误差对实验结果的影响程度，表示测量值和真值的偏离程度。准确度高即表明系统误差小。

(2) 精密度：表示测得值分布的密集程度，反映随机误差对测量结果的影响程度。精密度高即表明随机误差小。

系统误差和随机误差的综合误差决定测量的精度。精度在数值上可以用相对误差来表示。

2. 过失误差的影响

过失误差对实验结果的影响表现在使实验结果产生明显的歪曲，因而影响实验结果的可信度。在一个测量序列中，可能出现个别过大或过小的测定值，其中就包含过失误差，也可能包含巨大的随机误差。这种测定值通常称为异常数据。对异常数据的取舍必须持十分谨慎的态度，对于原因不明的异常数据，只能用统计学的准则决定取舍。

6.2.5 误差的处理

要根据具体原因尽可能地消除或减小误差，这里介绍几种常用的方法。

1. 系统误差的消除

(1) 对称法。利用对称法进行实验可以消去由荷载偏心等所引起的系统误差。如在做拉伸实验时，总是在试件两侧对称地装上引伸仪测量变形，取两侧变形的平均值来表示试件的变形，就可以消去荷载偏心的影响。

(2) 校正法。经常对实验仪表进行校正，以减小由仪表不准造成的系统误差。如电阻应变仪的灵敏系数度盘，应定期用标准应变模拟仪进行校准。

(3) 增量法。增量法也就是逐级加载法。增量法可以避免某些系统误差的影响。如材料试验机如果有摩擦力F_f(常量)存在，则每次施加于试件上的真力为F_1+F_f、F_2+F_f。再取其增量 $\Delta F=(F_1+F_f)-(F_2+F_f)=F_1-F_2$，摩擦力$F_f$便消除了。

(4) 用修正值消除系统误差。事先将测量仪器和设备的系统误差鉴定或计算出来，确定修正方式。利用修正表或修正曲线，在实验结果的基础上加上相应的修正值，以消除系统误差的影响。需要说明的是，修正值本身包含有一定的误差，因此这种方法不可能将全部系统误差消除掉。对这种残留的系统误差，应按随机误差进行处理。

另外，实验人员还应该提高自己的理论和业务水平，以减少由操作方案选择不当、方法不正确或者实验习惯不良造成的实验误差。如电测实验中，采用合理的组桥方式即可消除温度对实验结果的影响和提高测量灵敏度。

2. 误差的估算

(1) 相对误差与绝对误差的估算。在材料力学实验中，误差一般习惯于用相对误差表示，因为在衡量一个测量数据的精确度时，不能单独从误差的绝对值来考虑。例如，测量1 m的长度时，有 1 mm 的误差并不算坏的测量，但若测量 1 cm 的长度有 1 mm 的误差，那就不理想了。

① 已知理论值(设其值为 T)，各次测量值的算术平均值为$\overline{x}$，则相对误差为：

$$\delta=\frac{T-\overline{x}}{\overline{x}}\times 100\% \tag{6.1}$$

在验证理论的实验中多用上式表示。

② 有时理论值未知，但测量结果本身的最大误差可根据仪器的精确度来确定，设其为 a，则

$$\delta=\frac{a}{\overline{x}}\times 100\% \tag{6.2}$$

(2) 间接测量误差的估计。在材料力学实验中，有些物理量，如弹性模量 E 不是直接测量到的，而是先测量横截面积 A、长度 L、荷载 F 及变形 ΔL，然后通过计算得到的。上述每个物理量在测量中都存在误差，由此必然导致弹性模量 E 也产生误差，这就是间接误差。

所以，需要根据各个量的直接误差来估计间接误差。

设物理量 $y=f(x_1,x_2,\cdots,x_n)$，x_1、x_2，…，x_n 是直接测得的独立物理量，每个物理量的绝对误差为 Δx_1、Δx_2，…，Δx_n，因此引起物理量的绝对误差为：

$$\Delta y=f(x_1+\Delta x_n,x_2+\Delta x_2,\cdots,x_n+\Delta x_n)-f(x_1,x_2,\cdots,x_n) \tag{6.3}$$

根据泰勒公式将上式展开并略去高阶微量，得：

$$\Delta y=\frac{\partial f}{\partial x_1}\Delta x_1+\frac{\partial f}{\partial x_2}\Delta x_2+\cdots+\frac{\partial f}{\partial x_n}\Delta x_n \tag{6.4}$$

其相对误差为：

$$\delta y=\frac{\Delta y}{y}=\frac{x_1}{y}\frac{\partial f}{\partial x_1}\frac{\Delta x_1}{x_1}+\frac{x_2}{y}\frac{\partial f}{\partial x_2}\frac{\Delta x_2}{x_2}+\cdots+\frac{x_n}{y}\frac{\partial f}{\partial x_n}\frac{\Delta x_n}{x_n} \tag{6.5}$$

式中，$\frac{\Delta x_1}{x_1}$、$\frac{\Delta x_2}{x_2}$、…、$\frac{\Delta x_n}{x_n}$ 为各独立物理量的相对误差，记为 δx_1、δx_2、…、δx_n，则：

$$\delta y=\frac{x_1}{y}\frac{\partial f}{\partial x_1}\delta x_1+\frac{x_2}{y}\frac{\partial f}{\partial x_2}\delta x_2+\cdots+\frac{x_n}{y}\frac{\partial f}{\partial x_n}\delta x_n \tag{6.6}$$

下面给出由上式导出的几种常用函数相对误差计算公式。

① 积的误差

$$y=x_1x_2\cdots x_n \tag{6.7}$$

$$\delta y=\delta x_1+\delta x_2+\cdots+\delta x_n \tag{6.8}$$

② 商的误差

$$y=\frac{x_1}{x_2} \tag{6.9}$$

$$\delta y=\delta x_1+\delta x_2 \tag{6.10}$$

③ 幂函数的误差

$$y=x^n \tag{6.11}$$

$$\delta y=n\delta x \tag{6.12}$$

④ 开方误差

$$y=x^{\frac{1}{n}} \tag{6.13}$$

$$\delta y=\frac{1}{n}\delta x \tag{6.14}$$

3. 测量不确定度

(1) 不确定度的概念及计算。测量不确定度是与测量结果相关联的参数，表征测量值的分散性、准确性和可靠程度，或者说它是被测量值在某一范围内的一个评定。国际标准化组织 ISO、国际电工委员会 IEC、国际计量局 BIPM、国际法制计量组织 OIML、国际理论化学与应用化学联合会 IUPAC、国际理论物理与应用物理联合会 IUPAP、国际临床化学联合会 IFCC 等 7 个国际组织，于 1993 年联合发布了《测量不确定度表示指南》(Guide to the Expression of Uncertainty in Measurement，简称 GUM)。我国于 1999 年，经国家质量技术监督局批准，颁布实施由全国法制计量技术委员会提出的《测量不确定度评定与表示》(JJF 1059.1—2012)，适用范围包括国家计量基准、标准物质、测量及测量方法、计量认证和实验室认可、测量仪器的校准和检定、生产过程的质量保证和产品的检验和测试、贸易结算以及资源测量等测量技术领域。

不确定度依据其评定方法可以分为 A、B 两类，它们与过去“随机误差”与“系统误差”的分类之间不存在简单的对应关系。“随机”与“系统”表示误差的两种不同的性质；A 类与 B 类表示不确定度的两种不同的评定方法。将不确定度分为 A 类与 B 类，仅为讨论方便，并不意味着两类评定之间存在着本质上的区别，它们都基于概率分布，并都用方差或标准差表征。

一个完整的测量结果不仅要给出该测量值的大小，同时还应给出它的不确定度，用不确定度来表征测量结果的可信赖程度，测量结果应写成下列标准形式

$$X=\overline{x}\pm U(\text{单位}),U_{\mathrm{r}}=\pm\frac{U}{x}\times 100\% \tag{6.15}$$

式中 X——测量值，对等精度多次测量而言；

$\overline{x}$——多次测量的算术平均值；

U——不确定度；

U_{r}——相对不确定度。

① A 类标准不确定度。A 类标准不确定度是在一系列重复测量中，用统计方法计算的分量。它的表征值用平均值的标准偏差表示，即

$$U_{\mathrm{A}}=\sqrt{\frac{\sum_{i=1}^{n}(x_i-\overline{x})^2}{n(n-1)}}=\sigma_{\mathrm{x}}/\sqrt{n} \tag{6.16}$$

考虑到有限次测量服从 t 分布，A 类标准不确定度应表示为：

$$U_{\mathrm{A}}=t_{\mathrm{P}}\sqrt{\frac{\sum_{i=1}^{n}(x_i-\overline{x})^2}{n(n-1)}}=t_{\mathrm{P}}\,\sigma_{\mathrm{x}}/\sqrt{n} \tag{6.17}$$

在重复性条件下所得的测量不确定度，通常比用其他评定方法所得的不确定度更为客观，并具有统计学的严格性，但要求有充分的重复次数。此外，这一测量过程的重复观测值应相互独立。例如，测量仪器的调零是测量程序的一部分，重新调零应成为重复性的一部分。

② B 类标准不确定度。测量中凡是不符合统计规律的不确定度统称为 B 类不确定度，记为U_{B}。B 类标准不确定度的信息来源一般有：以前的观测数据，对有关技术资料和测量仪器特性的了解和经验，生产部门提供的技术说明文件，校准证书、鉴定证书或其他文件提供

的数据、准确度等级等，手册或某些资料给出的参考数据及其不确定度。

对一般有刻度的量具和仪表，估计误差在最小分格的 1/10～1/5，通常小于仪器的最大允差 Δ。所以通常以 Δ 表示一次测量结果的 B 类不确定度。

实际上，仪器的误差在[$-\Delta_{仪}$，$\Delta_{仪}$]范围内是按一定概率分布的。一般而言，U_B与 Δ 的关系为

$$U_B=\Delta_{仪}/C \tag{6.18}$$

C 称为置信系数。

正态分布条件下，测量值的 B 类不确定度$U_B=k_Pu_B=k_P\Delta_Q/C$，k_P称为置信因子，置信概率 P 与k_P的关系见表 6.1。

表 6.1　置信概论 P 和k_P的关系

P	0.500	0.683	0.900	0.950	0.955	0.990	0.997
k_P	0.675	1	1.65	1.96	2	2.58	3

根据概率统计理论，在均匀分布函数条件下，一次测量值的 B 类不确定度$U_B=k_Pu_B=k_P\Delta_{仪}/C$，$C=\sqrt{3}$，当 $P=0.683$ 时，$k_P=1$，即$U_B=\Delta_Q/\sqrt{3}$。在正态分布条件下，一次测量值的 B 类不确定度$U_B=k_Pu_B=k_P\Delta_Q/C$，$C=3$，当 $P=0.683$ 时，$k_P=1$，即$U_B=\Delta_Q/3$

③ 合成标准不确定度和扩展不确定度。假设测量误差在[$-\Delta_B$，Δ_B] 范围内服从正态分布，这时 B 类标准不确定度为$U_B=\Delta_B/C$，测量值的合成标准不确定度为

$$U=\sqrt{U_A^2+U_B^2}\quad (P=0.68) \tag{6.19}$$

将合成标准不确定度乘以一个与一定置信概率相联系的包含因子(或称覆盖因子)K，得到增大置信概率的不确定度，叫作扩展不确定度。

若置信概率为 0.95，$K=2$，则

$$U_{0.95}=2U_{0.68}=2\sqrt{U_A^2+U_B^2}\quad (P=0.95) \tag{6.20}$$

若置信概率为 0.99，$K=3$，则

$$U_{0.99}=3U_{0.68}=3\sqrt{U_A^2+U_B^2}\quad (P=0.99) \tag{6.21}$$

(2) 测量结果的表示。根据所用的置信概率，测量结果的最终表达式为

$$\left.\begin{aligned} X&=\overline{x}\pm U_{0.68}\quad (P=0.68)\\ X&=\overline{x}\pm U_{0.95}\quad (P=0.95)\\ X&=\overline{x}\pm U_{0.99}\quad (P=0.99)\end{aligned}\right\} \tag{6.22}$$

式中，x 为不含系统误差的测量结果，通常就是测量列的平均值。不确定度取 1 位或 2 位有效数字，测量值 X 的最后一位与不确定度的最后一位对齐。

(3) 标准不确定度的传递与合成。

间接测量量

$$y=f(x_1,x_2,\cdots,x_n) \tag{6.23}$$

其中$x_1,x_2,\cdots,x_n$如果为相互独立的直接测量量，则间接测量量的不确定度为

$$U^2(y)=\sum_{i=1}^{n}\left(\frac{\partial y}{\partial x_i}\right)^2 U^2(x_i) \tag{6.24}$$

其中$U(x_i)$为测量量x_i的标准不确定度。常用的函数不确定度传递公式见表6.2。间接测量结果不确定度的求解步骤如下：

① 对函数求全微分(对加减法)，或先取对数再求全微分(对乘除法)。

② 合并同一分量的系数。合并时，有的项可以相互抵消，从而得到最简单的形式。

③ 系数取绝对值。

④ 将微分号变为不确定度符号。

⑤ 求平方和。

表6.2 常用的函数不确定度传递公式

函数表达式	传递(合成)公式
$W=x\pm y$	$U_W=\sqrt{U_x^2+U_y^2}$
$W=xy$	$\frac{U_W}{W}=\sqrt{\left(\frac{U_x}{x}\right)^2+\left(\frac{U_y}{y}\right)^2}$
$W=x/y$	$\frac{U_W}{W}=\sqrt{\left(\frac{U_x}{x}\right)^2+\left(\frac{U_y}{y}\right)^2}$
$W=\frac{x^k y^n}{z^m}kx$	$\frac{U_W}{W}=\sqrt{k^2\left(\frac{U_x}{x}\right)^2+n^2\left(\frac{U_y}{y}\right)^2+m^2\left(\frac{U_z}{z}\right)^2}$
$W=kx$	$U_W=kU_x,\frac{U_W}{W}=\frac{U_z}{x}$
$W=k\sqrt{x}$	$\frac{U_W}{W}=\frac{1}{2}\frac{U_x}{x}$
$W=\sin x$	$U_W=\lvert\cos x\rvert U_x$
$W=\ln x$	$U_W=\frac{U_x}{x}$

6.3 材料力学实验中常用的数据处理方法

实验中测量得到的许多数据需要处理后才能表示测量的最终结果。对实验数据进行记录、整理、计算、分析、拟合等，从中获得实验结果和寻找物理量变化规律或经验公式的过程就是数据处理。它是实验方法的一个重要组成部分，是实验课的基本训练内容。本章主要

介绍列表法、作图法、逐差法和最小二乘法。

6.3.1 列表法

列表法就是将一组实验数据和计算的中间数据依据一定的形式和顺序列成表格。列表法可以简单明确地表示出物理量之间的对应关系，便于分析和发现资料的规律性，也有助于检查和发现实验中的问题。设计记录表格时要做到：

(1) 表格设计要合理，以利于记录、检查、运算和分析。

(2) 表格中涉及的各物理量，其符号、单位及量值的数量级均要表示清楚，但不要把单位写在数字后。

(3) 表中数据要正确反映测量结果的有效数字和不确定度。列入表中的除原始数据外，计算过程中的一些中间结果和最后结果也可以列入表中。

(4) 表格要加上必要的说明。实验室所给的数据或查得的单项数据应列在表格的上部，说明写在表格的下部。

6.3.2 作图法

作图法是在坐标纸上用图线表示物理量之间的关系，揭示物理量之间的联系。作图法具有简明、形象、直观、便于比较研究实验结果等优点，是一种最常用的数据处理方法。

作图法的基本规则是：

(1) 选择图纸。作图纸有直角坐标纸(即毫米方格纸)、对数坐标纸和极坐标纸等，根据作图需要选择。在物理实验中比较常用的是毫米方格纸。

(2) 曲线改直。由于直线最易描绘，且直线方程的两个参数(斜率和截距)也较易算得，因此对于两个变量之间的函数关系是非线性的情形，在用图解法时应尽可能通过变量代换将非线性函数的曲线转变为线性函数的直线。下面为几种常用的变换方法：

① $xy=c$ (c 为常数)。令 $z=\frac{1}{x}$，则 $y=cz$，即 y 与 z 为线性关系。

② $x=c\sqrt{y}$ (c 为常数)。令 $z=x^2$，则 $y=\frac{1}{c^2}z$，即 y 与 z 为线性关系。

③ $y=ax^b$(a 和 b 为常数)。等式两边取对数得，$\lg y=\lg a+b\lg x$。于是，$\lg y$ 与 $\lg x$ 为线性关系，b 为斜率，$\lg a$ 为截距。

④ $y=a\mathrm{e}^{bx}$(a 和 b 为常数)。等式两边取自然对数得 $\ln y=\ln a+bx$。于是，$\ln y$ 与 x 为线性关系，b 为斜率，$\ln a$ 为截距。

(3) 确定坐标比例与标度。合理选择坐标比例是作图法的关键所在。作图时通常以自变量作横坐标(x 轴)，因变量作纵坐标(y 轴)。坐标轴确定后，用粗实线在坐标纸上描出坐标轴，并注明坐标轴所代表物理量的符号和单位。

坐标比例是指坐标轴上单位长度(通常为 1 cm)所代表的物理量大小。坐标比例的选取应注意以下几点：

① 原则上做到数据中的可靠数字在图上应是可靠的，即坐标轴上的最小分度(1 mm)对应于实验数据的最后一位准确数字。坐标比例选得过大会损害数据的准确度。

② 坐标比例的选取应以便于读数为原则，常用的比例为 1∶1、1∶2、1∶5(包括 1∶0.1、1∶10 等)，即每厘米代表 1、2、5 倍率单位的物理量。切勿采用复杂的比例关系，如 1∶3、1∶7、1∶9 等，这样不但不易绘图，而且读数困难。

坐标比例确定后，应对坐标轴进行标度，即在坐标轴上均匀地(一般每隔 2 cm)标出所代表物理量的整齐数值，标记所用的有效数字位数应与实验数据的有效数字位数相同。标度不一定从零开始，一般用小于实验数据最小值的某一数作为坐标轴的起始点，用大于实验数据最大值的某一数作为终点，这样图纸可以被充分利用。

(4) 数据点的标出。实验数据点在图纸上用“+”符号标出，符号的交叉点正是数据点的位置。若在同一张图上作几条实验曲线，各条曲线的实验数据点应该用不同符号(如 x 等)标出，以示区别。

(5) 曲线的描绘。由实验数据点描绘出平滑的实验曲线，连线要用透明直尺或三角板、曲线板等拟合。根据随机误差理论，实验数据应均匀分布在曲线两侧，与曲线的距离尽可能小。个别偏离曲线较远的点，应检查标点是否错误，若无误则表明该点可能是错误数据，连线时不予考虑。对于仪器仪表的校准曲线和定标曲线，连接时应将相邻的两点连成直线，整个曲线呈折线状。

(6) 注解与说明。在图纸上要写明图线的名称、坐标比例及必要的说明(主要指实验条件)，并在恰当的地方注明作者姓名、日期等。

(7) 直线图解法求待定常数。直线图解法首先是求出斜率和截距，进而得出完整的线性方程。其步骤如下：

① 选点。在直线上紧靠实验数据两个端点内侧取两点 $A(x_1,y_1)$、$B(x_2,y_2)$，并用不同于实验数据的符号标明，在符号旁边注明其坐标值(注意有效数字)。若选取的两点距离较近，计算斜率时会减少有效数字的位数。既不能在实验数据范围以外取这两点，因为此处已无实验根据，也不能直接使用原始测量数据点计算斜率。

② 求斜率。设直线方程为 $y=a+bx$，则斜率为

$$b=\frac{y_2-y_1}{x_2-x_1} \tag{6.25}$$

③ 求截距。截距的计算公式为

$$a=y_1-bx_1 \tag{6.26}$$

6.3.3 逐差法

对随等间距变化的物理量 x 进行测量和函数可以写成 x 的多项式时，可用逐差法进行数据处理。例如，一空载长为x_0的弹簧，逐次在其下端加挂质量为 m 的砝码，测出对应的长度x_1、x_2、…、x_5，为求每加一单位质量的砝码的伸长量，可将数据按顺序对半分成两组，将两组对应项相减有

$$\frac{1}{3}\left(\frac{x_3-x_0}{3m}+\frac{x_4-x_1}{3m}+\frac{x_5-x_2}{3m}\right)=\frac{1}{9m}[(x_3+x_4+x_5)-(x_0+x_1+x_2)] \quad (6.27)$$

这种对应项相减，即逐项求差法简称逐差法。它的优点是尽量利用了各测量量，而又不减少结果的有效数字位数，是实验中常用的数据处理方法之一。

逐差法与作图法一样，都是一种粗略处理数据的方法，在普通物理实验中，经常用到这两种基本的方法。使用逐差法时要注意以下两个问题：

(1) 在验证函数表达式的形式时，要用逐项逐差，不用隔项逐差。这样可以检验每个数据点之间的变化是否符合规律。

(2) 在求某一物理量的平均值时，不可用逐项逐差，而要用隔项逐差，否则中间项数据会相互消去，而只用到首尾项，白白浪费许多数据。

如上例，若采用逐项逐差法(相邻两项相减的方法)求伸长量，则有

$$\frac{1}{5}\left(\frac{x_1-x_0}{m}+\frac{x_2-x_1}{m}+\cdots+\frac{x_5-x_4}{m}\right)=\frac{1}{5m}(x_5-x_0) \quad (6.28)$$

可见，只有x_0、x_5两个数据起作用，没有充分利用整个数据组，失去了在大量数据中求平均以减小误差的作用，是不合理的。

6.3.4 最小二乘法

作图法虽然是一个很便利的数据处理方法，但在图线的绘制上往往会引入附加误差，尤其在根据图线确定常数时，这种误差有时很明显。为了克服这一缺点，在数理统计中研究了直线拟合问题(或称一元线性回归问题)，常用一种以最小二乘法为基础的实验数据处理方法。由于某些曲线的函数可以通过数学变换改写为直线，如对函数 $y=a\mathrm{e}^{-bx}$ 取对数得 $\ln y=\ln a-bx$，$\ln y$ 与 x 的函数关系就变成直线型了。因此这一方法也适用于某些曲线型的规律。

下面就数据处理问题中的最小二乘法原则作一简单介绍。

设某一实验中，可控制的物理量取x_1、x_2、…、x_n时，对应的物理量依次取 y_1、y_2、…、y_n。假定对x_i值的观测误差很小，而主要误差都出现在y_i的观测上。显然，从(x_i,y_i)中任取两组实验数据就可得出一条直线，只不过这条直线的误差有可能很大。直线拟合的任务就是用数学分析的方法从这些观测到的数据中求出一个误差最小的最佳经验式 $y=a+bx$。按这一最佳经验公式作出的图线虽不一定能通过每一个实验点，但是它以最接近这些实验点的方式平滑地穿过它们。很明显，对应于每一个 x 值，观测值 y_i 和最佳经验式的 y 值之间存在一偏差 δy_i，通常称为观测值 y 的偏差，即：

$$\delta y_i=y_i-y=y_i-(a+bx_i)\ (i=1,2,3,\cdots,n) \quad (6.29)$$

最小二乘法的原理就是：如各观测值y_i的误差互相独立且服从同一正态分布，当y_i的偏差的平方和为最小时，得到最佳经验式。根据这一原则可求出常数 a 和b。

设以 S 表示 δy_i的平方和，它应满足

$$S=\sum(\delta y_i)^2=\sum[y_i-(a+bx_i)]^2 \tag{6.30}$$

上式中的y_i和x_i是测量值，都是已知量，而 a 和 b 是待求的，因此 S 实际上是 a 和 b 的函数。若 S 最小，则令 S 对 a 和 b 的偏导数为零，即可解出满足上式的 a、b 值，即：

$$\frac{\partial S}{\partial a}=-2\sum(y_i-a-bx_i)=0,\quad \frac{\partial S}{\partial b}=-2\sum(y_i-a-bx_i)x_i=0 \tag{6.31}$$

$$\sum y_i-na-b\sum x_i=0,\ \sum x_i y_i-a\sum x_i-b\sum x_i^2=0 \tag{6.32}$$

其解为：

$$a=\frac{\sum x_i y_i\sum x_i-\sum y_i\sum x_i^2}{(\sum x_i)^2-n\sum x_i^2},b=\frac{\sum x_i\sum y_i-n\sum x_i y_i}{(\sum x_i)^2-n\sum x_i^2} \tag{6.33}$$

将得出的 a 和 b 代入直线方程，即得到最佳的经验公式 $y=a+bx$。

上面介绍了用最小二乘法求经验公式中的常数 a 和 b 的方法，是一种直线拟合法。它在科学实验中的运用很广泛，特别是有了计算器后，计算工作量大大减小，计算精度也能保证，因此它是很有用又很方便的方法。用这种方法计算的常数值 a 和 b 是最佳的，但并不是没有误差，它们的误差估算比较复杂。一般来说，一列测量值的 δ 大（即实验点对直线的偏离大），那么由这列数据求出的 a、b 值的误差也大，由此定出的经验公式可靠程度就低；如果一列测量值的 δ 小（即实验点对直线的偏离小），那么由这列数据求出的 a、b 值的误差就小，由此定出的经验公式可靠程度就高。直线拟合中的误差估计问题比较复杂，可参阅其他资料，本书不作介绍。

为了检查实验数据的函数关系与得到的拟合直线符合的程度，数学上引进了线性相关系数 r 来进行判断。r 的定义式为

$$r=\frac{\sum\Delta x_i\Delta y_i}{\sqrt{\sum(\Delta x_i)^2\sum(\Delta y_i)^2}} \tag{6.34}$$

式中，$\Delta x_i=x_i-\overline{x}$，$\Delta y_i=y_i-\overline{y}$。

由此可以证明，r 值总是在 0 和 1 之间。$|r|$值越接近 1，说明实验数据点密集地分布在所拟合的直线的近旁，用线性函数进行回归是合适的。$|r|=1$ 表示变量 x、y 完全线性相关，拟合直线通过全部实验数据点。$|r|$值越小，线性越差，若相关系数 $r=0$ 或趋近于零，说明实验数据很分散，无线性关系。一般当$|r|\geqslant 0.9$ 时，可认为两个物理量之间存在较密切的线性关系，此时用最小二乘法作直线拟合才有实际意义。

附　　录

实验一　低碳钢拉伸实验

实验目的：

主要实验设备：

仪器编号	名称	规格、型号	数量	设备状态	备注

实验原理（方案）：

实验步骤：

实验记录：

实验数据记录表

<table>
<tr><th colspan="3">实验前试样尺寸</th><th colspan="5">实验后试样尺寸</th><th rowspan="2">屈服荷载
P_s/kN</th><th rowspan="2">最大荷载
P_b/kN</th></tr>
<tr><th colspan="2">试样直径
d_0/mm</th><th>截面面积
A_0/mm²</th><th colspan="2">试样断口处直径
d_1/mm</th><th>断后截面面积
A_0/mm²</th><th>断后长度
L_1/mm</th></tr>
<tr><td>1</td><td></td><td rowspan="3"></td><td>1</td><td></td><td rowspan="3"></td><td rowspan="3"></td><td rowspan="3"></td><td rowspan="3"></td></tr>
<tr><td>2</td><td></td><td>2</td><td></td></tr>
<tr><td>平均值</td><td></td><td>平均值</td><td></td></tr>
</table>

实验数据处理：

实验结论：

实验总结：

实验二　铸铁拉伸实验

实验目的：

主要实验设备：

仪器编号	名称	规格、型号	数量	设备状态	备注

实验原理（方案）：

实验步骤：

实验记录：

实验数据记录表

实验前试样尺寸			实验后试样尺寸				屈服荷载 P_s/kN	最大荷载 P_b/kN
试样直径 d_0/mm		截面面积 A_0/mm²	试样断口处直径 d_1/mm		断后截面面积 A_0/mm²	断后长度 L_1/mm		
1			1					
2			2					
平均值			平均值					

实验数据处理：

实验结论：

实验总结：

实验三　纯弯曲梁横截面上正应力的分布规律实验

实验目的：

主要实验设备：

仪器编号	名称	规格、型号	数量	设备状态	备注

实验原理(方案)：

实验步骤：

实验记录：

表 1　试件相关参考数据

应变片至中性层距离/mm		梁的尺寸和有关参数
1 点 y_1	−20	宽度 $b=20$ mm　　高度 $h=40$ mm
2 点 y_2	−10	跨度 $L=440$ mm　　荷载距离 $a=120$ mm
3 点 y_3	0	弹性模量 $E=206$ GPa
4 点 y_4	10	泊松比 $\mu=0.26$
5 点 y_5	20	惯性矩 $I_z=bh^3/12=1.067\times10^{-7}$ m^4

表 2　实验数据记录与计算

荷载/N		应变/$\mu\varepsilon$									
		1 点		2 点		3 点		4 点		5 点	
读数	增量	读数	增量	读数	增量	读数	增量	读数	增量	读数	增量
0	1000	0		0		0		0		0	
1000	1000										
2000	1000										
3000	1000										
4000											
$\overline{\Delta\varepsilon}$											
$\sigma_{实}$/MPa											
$\sigma_{理}$/MPa											

实验数据处理：

实验结论：

实验总结：

实验四　薄壁圆管在弯扭组合作用下主应力实验

实验目的：

主要实验设备：

仪器编号	名称	规格、型号	数量	设备状态	备注

实验原理(方案)：

实验步骤：

实验记录：

表1　试件相关参考数据

圆筒的尺寸和有关参数	
计算长度　$L=300$ mm	内径　$d=32$mm(钢)
外径　$D=40$ mm	扇臂长度　$a=248$mm
泊松比　$\mu=0.30$	弹性模量　$E=70$ GPa

表 2 实验数据记录与计算

<table>
<tr><td rowspan="2">荷载/N</td><td colspan="2">P</td><td colspan="3">100</td><td colspan="3">200</td><td colspan="3">300</td><td colspan="3">400</td></tr>
<tr><td colspan="2">ΔP</td><td colspan="4">100</td><td colspan="4">100</td><td colspan="4">100</td></tr>
<tr><td rowspan="9">各测点实验数据/$\mu\varepsilon$</td><td rowspan="3">45°</td><td>ε</td><td colspan="3"></td><td colspan="3"></td><td colspan="3"></td><td colspan="3"></td></tr>
<tr><td>$\Delta\varepsilon$</td><td colspan="4"></td><td colspan="4"></td><td colspan="4"></td></tr>
<tr><td>$\overline{\Delta\varepsilon}$</td><td colspan="12"></td></tr>
<tr><td rowspan="3">0</td><td>ε</td><td colspan="3"></td><td colspan="3"></td><td colspan="3"></td><td colspan="3"></td></tr>
<tr><td>$\Delta\varepsilon$</td><td colspan="4"></td><td colspan="4"></td><td colspan="4"></td></tr>
<tr><td>$\overline{\Delta\varepsilon}$</td><td colspan="12"></td></tr>
<tr><td rowspan="3">−45°</td><td>ε</td><td colspan="3"></td><td colspan="3"></td><td colspan="3"></td><td colspan="3"></td></tr>
<tr><td>$\Delta\varepsilon$</td><td colspan="4"></td><td colspan="4"></td><td colspan="4"></td></tr>
<tr><td>$\overline{\Delta\varepsilon}$</td><td colspan="12"></td></tr>
</table>

实验数据处理：

实验结论：

实验总结：

实验五　材料弹性模量测定实验

实验目的：

主要实验设备：

仪器编号	名称	规格、型号	数量	设备状态	备注

实验原理(方案)：

实验步骤：

实验记录：

表1　试件相关参考数据

试件	厚度 h/mm	宽度 b/mm	横截面面积 A_0($A_0=bh$)/mm²
截面	4.8	30	
弹性模量 $E=206$ GPa			
泊松比 $\mu=0.26$			

表 2　实验数据记录与计算

<table>
<tr><td rowspan="2">荷载/N</td><td>P</td><td>500</td><td colspan="2">1000</td><td colspan="2">1500</td><td>2000</td></tr>
<tr><td>ΔP</td><td colspan="2">500</td><td colspan="2">500</td><td colspan="2">500</td></tr>
<tr><td rowspan="6">轴向应
变读数
/$\mu\varepsilon$</td><td>ε_1</td><td></td><td colspan="2"></td><td colspan="2"></td><td></td></tr>
<tr><td>$\Delta\varepsilon_1$</td><td colspan="2"></td><td colspan="2"></td><td colspan="2"></td></tr>
<tr><td>$\overline{\Delta\varepsilon_1}$</td><td colspan="6"></td></tr>
<tr><td>ε_2</td><td></td><td colspan="2"></td><td colspan="2"></td><td></td></tr>
<tr><td>$\Delta\varepsilon_2$</td><td colspan="2"></td><td colspan="2"></td><td colspan="2"></td></tr>
<tr><td>$\overline{\Delta\varepsilon_2}$</td><td colspan="6"></td></tr>
</table>

实验数据处理：

实验结论：

实验总结：

实验六　压杆稳定实验

实验目的：

主要实验设备：

仪器编号	名称	规格、型号	数量	设备状态	备注

实验原理(方案)：

实验步骤：

实验记录：

表 1　试件相关参考数据

试件	厚度 h/mm	宽度 b/mm	横截面面积 A_0($A_0=bh$)/mm^2
截面	4.8	30	
弹性模量 $E=206$ GPa			
泊松比 $\mu=0.26$			

表 2　实验数据记录与计算

荷载 P/N	应变仪读数/$\mu\varepsilon$	

实验数据处理：

实验结论：

实验总结：

实验七　偏心拉伸实验

实验目的：

主要实验设备：

仪器编号	名称	规格、型号	数量	设备状态	备注

实验原理(方案)：

实验步骤：

实验记录：

表 1　试件相关参考数据

试件	厚度 h/mm	宽度 b/mm	横截面面积 A_0($A_0=bh$)/mm^2
截面Ⅰ	5	30	
截面Ⅱ			
截面Ⅲ			
平均值			
弹性模量 $E\approx206$ GPa			
泊松比 $\mu\approx0.28$			
偏心距 $e=10$ mm			

表 2　实验数据记录与计算

荷载/N	P	500	1000	1500	2000
	ΔP	500	500	500	
轴向应变读数/$\mu\varepsilon$	ε_1				
	$\Delta\varepsilon_1$				
	$\overline{\Delta\varepsilon_1}$				
	ε_2				
	$\Delta\varepsilon_2$				
	$\overline{\Delta\varepsilon_2}$				

实验数据处理：

实验结论：

实验总结：

实验八　等强度梁实验

实验目的：

主要实验设备：

仪器编号	名称	规格、型号	数量	设备状态	备注

实验原理(方案)：

实验步骤：

实验记录：

表 1　试件相关参考数据

梁的尺寸和有关参数	
梁的高度	$h=8$ mm
梁的宽度	$b=48$ mm
荷载作用点到测试点距离	$L=400$ mm
弹性模量	$E=206$ GPa
泊松比	$\mu=0.28$

表 2　实验数据记录与计算

<table>
<tr><td rowspan="2">荷载/N</td><td>P</td><td colspan="2">10</td><td colspan="2">20</td><td colspan="2">30</td><td colspan="2">40</td><td colspan="2">50</td></tr>
<tr><td>ΔP</td><td colspan="3">10</td><td colspan="2">10</td><td colspan="2">10</td><td colspan="3">10</td></tr>
<tr><td rowspan="6">轴向应变读数 /$\mu\varepsilon$</td><td>ε_1</td><td colspan="2"></td><td colspan="2"></td><td colspan="2"></td><td colspan="2"></td><td colspan="2"></td></tr>
<tr><td>$\Delta\varepsilon_1$</td><td colspan="3"></td><td colspan="2"></td><td colspan="2"></td><td colspan="3"></td></tr>
<tr><td>$\overline{\Delta\varepsilon_1}$</td><td colspan="10"></td></tr>
<tr><td>ε_2</td><td colspan="2"></td><td colspan="2"></td><td colspan="2"></td><td colspan="2"></td><td colspan="2"></td></tr>
<tr><td>$\Delta\varepsilon_2$</td><td colspan="3"></td><td colspan="2"></td><td colspan="2"></td><td colspan="3"></td></tr>
<tr><td>$\overline{\Delta\varepsilon_2}$</td><td colspan="10"></td></tr>
</table>

实验数据处理：

实验结论：

实验总结：

参考文献

[1] 方治华,顾永强,朱云.材料力学试验教程[M].2 版.北京:清华大学出版社,2019.

[2] 梁丽杰,牟荟瑾.材料力学实验[M].2 版.北京:中国电力出版社,2019.

[3] 苑学众.材料力学教程[M].北京:中国电力出版社,2019.

[4] 孙训方.材料力学[M].5 版.北京:高等教育出版社,2013.

[5] 方治华,李革,朱云.材料力学实验[M].呼和浩特:内蒙古大学出版社,2006.